捧 读

触及身心的阅读

智商税

于立坤 / 著

中国友谊出版公司

图书在版编目（ＣＩＰ）数据

智商税 / 于立坤著. —— 北京：中国友谊出版公司，
2020.9
ISBN 978-7-5057-4955-9

Ⅰ.①智… Ⅱ.①于… Ⅲ.①财务管理－通俗读物
Ⅳ.①TS976.15-49

中国版本图书馆CIP数据核字(2020)第128570号

书名	**智商税**
作者	于立坤 著
出版	中国友谊出版公司
发行	中国友谊出版公司
经销	新华书店
印刷	天津丰富彩艺印刷有限公司
规格	880×1230毫米　32开
	9印张　225千字
版次	2020年9月第1版
印次	2020年9月第1次印刷
书号	ISBN 978-7-5057-4955-9
定价	45.00元
地址	北京市朝阳区西坝河南里17号楼
邮编	100028
电话	（010）64678009

目录

contents

上篇 • 年轻人的坑

2·猜猜我是谁

3·我和"大师"的故事

第二章　投机鼻祖——"郁金香泡沫"

1·一朵让整个欧洲疯狂的小花

中篇 · 救救父母

第三章　保健品骗局

1·保健品骗局的套路

◎ 第四章　经典骗局

◎ 1・理财骗局:你不理财,财不坑你

◎ 2・电信诈骗:随机寻找不幸者

◎ 3・收藏品骗局:好事哪能轮到你?

下篇 ● 人类上当简史

◎第六章　　查尔斯·庞兹的一生

◎ 1 · 想要发财的查尔斯·庞兹

1 · "套路贷"的特征

2 · "套路贷"的变种

3 · 尤努斯与普惠金融

上篇
·
年 轻 人 的 坑

第一章　大头历险记

引子 · 太阳底下无新事

人在江湖飘，哪能不挨刀？

最近"韭菜"遍地，骗子横行，已经到了天怒人怨的地步。作为以捍卫人类常识为己任的大头，我有必要把这些年走过的路、读过的书、上过的当、受过的骗，和大家一起分享，这样的话，大家智商税的起征点就高一点儿。

有人说鱼的记忆只有七秒钟，这么说好像有点儿是在炫耀人类的智商优越感，是在嘲笑鱼。其实根据我的体会，有些人的智商也大概只有三秒钟：第一秒发觉上当了；第二秒表示很后悔，对骗子恨得咬牙切齿；第三秒又欢欣鼓舞地张开双臂，迎接下一个骗子的到来。

所以和其他生物比起来，人类的智商没有任何特殊之处，基本上就是"太阳底下无新事"。

智商税基本上属于人类税，只要是人类，就一定多多少少地交过智商税，古今中外，概莫能外。就连牛顿这样的牛人都曾在炒股时被骗过，你我就更不用说了。我们今天经历的所有骗局，都在千百年来无一例外地重复着，只不过变换了时空、变换了工具而已。

有人开玩笑说骗子是"人类智商检测师"，如果这个群体消失了，人类的智商会出现整体性滑坡，正是他们不断收割那些贪心的人，才实现了人类在智商上的自然进化、优胜劣汰。

既然智商税不可避免，那么我们接下来重点探讨的，便是能不能少交点儿智商税，能不能提高一点儿那些"人类智商检测师"工作的难度。

正常人买了彩票，中了大奖，一般都会喜极而泣，奔走相告；交了智商税的人，其生理反应大概和中大奖一样，也是情绪激动地流下泪水，但少了奔走相告的环节……

毕竟，人都是要颜面的。

正是利用人类这种报喜不报忧的天性，那些络绎不绝的"人类智商检测师"手拿镰刀四处收割，从古代割到现今，一直到你看到这段文字的时刻……

我这段时间也没闲着，就是饱读诗书，纵览古今中外骗术之大成，搞得我都想当骗子去了。不过我头大、皮厚、不怕丢人，就像山东人喝酒时先干为敬那样，我今天先抛砖引玉。

聊几个我交智商税的血泪故事，算是在浩荡几千年的人类智商税大潮里扔几颗石子，给你激起一点儿浪花大的启示。这样，我之后再讲其他人上当受骗的故事时就不会显得那么尴尬了，免得大家说我有智商优越感。

先说一下我亲身经历的传销骗局吧。这种人类现代经济的隐形痼疾，如同烧不尽的野草，直到你打开这本书的时候，依然在阴影下生长着……

智商税

◦ 1 ◦
我所亲历的传销骗局

这个故事发生在很多年以前，现在说起来，就像"从前有座山，山上有座庙"那样古老。

那时我刚刚大学毕业，不知道为什么走了狗屎运，被一家不错的国有企业录用了，第一天报到时，就发了一部"小灵通"手机。

领导严肃地对我说，发"小灵通"不是乱搞福利，而是工作需要，这样可以保证随时能联系到我，当然了，每个月还给我报销100元话费。

我拼命点头，感觉他说啥都对。

这可是个好单位，我得珍惜，于是每天勤劳得像个小蜜蜂，不是在打水，就是在拖地，要不就是在认真学习……

有一天早晨，我突然接到了一个高中铁杆同学的电话，故事就这样猝不及防地开始了，一段奇幻的人生漂流拉开序幕。

…………

当一切尘埃落定后，生活恢复如初，我站在上帝视角对这段人生经历进行了复盘，梳理出其中的脉络，标注好各个节点，以供各位作为防骗指南参考。

第 1 幕 · 有熟人带着好事来找你

就在我活在虚幻的幸福中，开始人生美好前程的时候，一个电话改变了我的人生轨迹，让我有了重新出发的冲动。

电话是我高中时候的老铁打来的。我们铁到什么程度呢？如果不是身高不一样，我们都能穿一条裤子，妥妥的。

我们同吃、同住、同学，星光闪烁的夜晚，一起在操场上漫步，讨论的全是人类向何处去的话题。唉，谁没有年轻的时候呢？

高考结束以后，大家风流云散，各奔东西。

后来听说他去了广东，再后来就失去了联系。我们姑且叫他小高。

电话接通后，我听着这个熟悉的声音，开始有些激动，好兄弟终于又联系上了，如同我们当初永不分离的誓言。

"班长，你最近在哪里高就？"

"我刚毕业，刚到一个国企。这么多年不见，你死哪儿去了？"

"哈哈哈，我现在在广东的一家工厂做主管，我们主要生产电子元器件。你知道，南方这样的工厂很多。"

"高中毕业以后，你就去那儿了吗？"

"对啊，我考得不好，后来就南下打工，这些年一步一步打拼，终于到了主管这个位置。"

我当时嘴贱，顺口问了一句："主管拿多少钱？"

他说："大概一个月6000多元吧。"

听到这个消息，我如五雷轰顶，突然就明白了一句老话——"人比人该死，货比货该扔。"老子辛辛苦苦读几年大学，本来已经觉得春风得意马蹄疾了，没想到骑的是一匹瘸腿的六级残废马。

"你一个月多少钱工资？"他问。

"1000多元吧。"说这个数的时候，我就像当年洗澡时被他们拿走了内裤一样羞愧难当。

他立刻为我打抱不平，说："班长啊，像你这种人才，拿这点儿钱太委屈了。你要是在我们这儿，少说也得 1 万元。”

还是老同学了解我呀，我心潮起伏地想。

他说："我最近比较忙，今天特别想你，就给你打个电话。我要去忙了，回头再细聊，有时间给我打电话，这是我的电话。"

事后来看，这是传销团伙的第一步，选择身边最熟悉的人下手。原因无他，因为这些人对他们不设防，最容易得手。

我想说的是，各位亲人啊、朋友啊、亲爱的你们啊，要警惕啊！如果你接到一个久未谋面的同学的电话，不管你们过去的关系有多亲近，只要他嘘寒问暖地了解你的近况，之后又吹嘘自己小有所成，这个时候你就要警惕了，这很有可能是一个陷阱的开始。

我当时就着了道，挂了电话之后，整个人都蔫儿了。

你看，小高落榜以后，都能打拼出一片天地，在那里发展那么好；我作为一名青年才俊，一个月才拿 1000 多元，如果去了南方，现在每个月都 1 万多元了，怎么想心里都很委屈。

就像潘金莲不小心把叉竿掉在窗外，恰好遇到西门大官人一样，我开始心猿意马。

各位，这往往是骗子行骗的前奏，虚构出一个让你向往的幻境，打乱你的第一道心防，慢慢激发你人性中的贪婪。

过了几天，小高又给我打电话了："你今天忙吗？"

我早已被他的精彩故事吸引住了，想都没想就说："今天不忙，我们详细聊一聊。"

你看，骗子还没挖坑呢，自己就想往里跳。

他说："班长，今天我们不聊工作，就是叙旧。你看，当年咱们在一起的时候，你是多么雄姿英发、羽扇纶巾啊，我们一起指点江山，激扬文字，粪土当年万户侯！"

"是啊。"他的这些话，把我带回到那段理想主义的岁月。

"班长，这个世界上能让我佩服得五体投地的人可能就只有你了，你那时身无分文，却心系天下，思考人类向何处去，境界老高了。"

各位，不瞒你们讲，我已经开始飘了。这样一来二往，我这位小高同学借着叙旧的名义，把我灌得五迷三道，成功把我拉进他预设的局中。

这是第一个阶段——做局，请君入瓮。

后来，他再打电话时，装作漫不经心地说了一句："班长啊，我上次打完电话之后，跟我们老板说了你的情况。老板特别欣赏你这种人，他说如果将来有机会的话，可以来一起工作。"

是吗？我的天哪！你们老板太有眼光了！

他说："正好我们原来的厂办主任升职了，老板需要个新的厂办主任，我跟他说你的协调能力特别强。机会难得，你可以考虑考虑，厂办主任的收入大概税后 1.2 万多元，加上年终奖什么的，能到大概 1.5 万元。"

我的小心脏开始怦怦直跳，各位，你能理解一个月薪 1000 多的青年突然要涨薪到 1.5 万多元的心情吗？

我内心那头沉睡的贪婪巨兽突然间醒来了，生龙活虎地在灵魂里走来走去，驱赶着我，撕咬着我，逼着我走向那个神奇的远方。

事后想一想，一个大工厂的厂办主任能叫你这么一个初出茅庐的小伙子去干？你究竟是三头六臂还是神通广大？但是，这些都不重要

智商税

了，我已经主动钻进了对方的精神催眠体系里，不需给饵自咬钩，主动往上扑。

我说可以过去考察一下。小高最后说："那好，你来了可要多待几天啊，正好咱们叙叙旧，聊一聊，方便的话就相当于旅游。我给你安排好。还有，你要一个人来，这种机会就不要轻易告诉别人了。"

"好好好，放心，放心！我嘴严得很！"

这就到了第二个阶段——邀约。

别人的邀约可能需要铺陈许久，我的邀约是主动给人家发出的。干工作积极，上当受骗也是非常迅速，毫不含糊，咱就是这样的利索人。

我果断向单位请了长假，说是请长假，其实是准备一去不复返。

我把当时手中所有值钱的东西都变卖一空，比如那个崭新的"小灵通"，一跨省就不能用，于是低价卖给了别人。

再加上自己若干年打拼的积蓄，加起来大概 500 多元。都说人穷的时候智商会下降，看来是有道理的。

我把这些钱存入存折，带着毕业证、身份证等证明我是我的资料，一个人快意地踏上了南下的列车，开始了一段"年轻大头的奇幻漂流"。

其实踏上火车那一刻，我已经想好了，下了火车之后，我一定要像伟大的邓小平先生一样，先在那里画一个圈，让它堆起座座金山银山。

你看，年少就是这么轻狂。

第 2 幕 · 进了传销窝，先把证件交上去

出发前，我给那哥们儿发了一个传呼（年轻人如果看不懂"传呼"

是什么，可以自行百度），跟他说哪一天几点几点到。

结果一下火车，我就看见哥们儿带了一个姑娘在等着迎接我。这混得真不错，爱情事业双丰收。

但看那姑娘，长得就像南国的铁树，棱角分明。总的来说，她是一个让人望而生畏的姑娘，是一个让人愿意与之远远保持距离的姑娘，是一个永远不会让你产生邪念的姑娘。

我说："这个就是弟妹？""NO，NO，NO！这是我的同事，你不要乱说！"小高越这么说，我就越觉得他俩肯定是恋人，只是不好意思承认。

他说："我已经把酒店给你安排好了，去住吧！"我一看，真够哥们儿啊，于是我们就七拐八拐地到了附近的一家酒店。

虽然那地方自称是酒店，但在我看来，那是我从小到大见过的最单薄含蓄的地表建筑物了，上面只是象征性地有个房顶，四面像纸糊的一样，看上去环保透气。

我一个人进去之后，他俩就几乎进不去了，房间太小了。

就这样，他俩半探着身子在门口跟我聊了半天，说的都是"跟单位请假了吗？办得怎么样啊？"诸如此类的闲言碎语。后来他们说道："出去吃个饭吧，正好叫了几个同事。"

我说："太麻烦了，咱们自己出去吃就行，别叫同事了。"结果，吃饭的时候就来了他们一个所谓的领导。这个小哥倒是能言会道，问我："你是怎么来的？"

我说："我是请假来的。小高同学是我铁哥们儿，我特别相信他的话，这次是准备扎根南国这方热土了。我一来就看到了这高高的椰子树，看到了这高大浓密的大榕树，这浓郁的南国风情一下子就把我这个文艺青年给征服了。我愿意扎根南国，永不北上！"

智商税

领导听了我这个表态之后，很满意，说："这个小伙子还是不错的啊！"

到了第二天，小高说："你第一次来，带你转一转。"我一想这个要求很合理，但这次他来的时候不对劲儿，因为他带来了新的姑娘。

这姑娘长得像一棵椰子树，非常高，也非常平，根本爬不上去。这样说有点儿不厚道了，总的来说，也是让人感觉望而生畏，不容易亲近。

他后来又陆续带来了几个姑娘，但给我的印象都不是特别好，感觉好像他把全世界需要拯救的剩女都集中在他们工厂了。

我说："你怎么又换女朋友了？"

"哎呀，你开什么玩笑？这是我同事。她今天休假，正好出来陪陪你。"

"不用陪！我们转转就是了。"

我们参观了当地的公园。到了晚上，又来了一个领导跟我吃饭，然后把我的生辰八字、家里情况又问了一遍。

我不明就里呀，就又给他说了一遍我的决心。他也认为我是个可造之才，所以，这两顿饭吃得很愉快。

到了第三天，小高带我参观了当地几所高校，看了几处繁华的建筑，告诉我："你看，这里多好啊，经济发展很快，我们身处改革开放的最前沿，这方热土成就了无数的财富传奇。"

我说："对，我知道，我们也要成为传奇当中的一员！"我后来发现，在上钩的过程当中，我基本上处在不需扬鞭自奋蹄的状态，见坑就加速助跑往里跳。

所以，他们对我的接纳是非常融洽的，认为我这个人特别好交往，从没见过我这种傻子。

到了第四天，他们终于说："要不你到我们宿舍住吧，条件差一点儿，你不要嫌弃。"

我说："这没什么，都是苦孩子出身，露天野营我也干过，再苦的条件都不怕。"

他们一看，这哥们儿真行啊，是标准的传销好苗子。

所以，他们就带着我到了宿舍。那是一个三居室，一进门，小高就跟我说："把你的行李、书包、钱包、身份证、毕业证什么的都给我吧，你别出去搞丢了。"

各位，你们看一下，在你对他们完全不设防的情况下，他提这个要求，你会觉得很自然，甚至觉得他特别贴心。

所以，我怀着感恩的心情，把证件、钱包等全部家当，包括里面有 500 多元的存折，全部交给了小高。

这都不重要，重要的是，一进门就有两个女孩子热情地迎了上来，对我大叫一声："哇，靓仔！"

跟各位说句实话，从小到大，长得靓是我最隐蔽的一个优点，只是从来没有人发现过这个优点，只有我自己知道。

你想想，在这千里之外，素未谋面的两个女孩子一见面，就把我人生最深处的秘密给说了出来，你说我是不是特别感动？

"哈哈，嗨！你们怎么知道我是靓仔？谢谢！"我特别高兴，觉得这个团队真的很有爱，真的很温暖，于是说："老同学啊，你这儿真不错，工作不错，连同事关系都那么好。"

智商税

话还没说完，这两个姑娘上来，一人一只脚，搬着就给我脱鞋。

"哎！干吗，干吗，干吗？停，停，停！"

"靓仔，我们给你洗洗脚，你这一天辛苦了。"

"美女，请听我说，淡定，淡定。我，我的脚特别敏感，最怕别人碰，别人一碰的话，我就会大笑而死。"

"靓仔，你说的是真的吗？"

"说的是真的，我自己来，谢谢，谢谢！"

…………

吃饭的时候，我记得大概就是一荤两素配白米饭。这帮人边吃边说，小高在团队里面如何优秀，在工厂里面如何受领导重用，受同事爱戴，现在做主管，很快就要高升了。

这是第三个阶段——圆谎。

各位，你要知道，现在这一圈人里面，就我一个"傻子"了，其他的都是明白人。他们之所以要圆谎，为的就是把我带入一个更大的谎言当中。

你想想，多可怕啊，他们所有人都在合伙骗一个人，这个人除非是大罗神仙，要不然真的很难不上当。我对他们的话深信不疑，感觉美好的未来正在徐徐展开，全然没有考虑一个月薪6000多元的主管这些天一直带着我吃米饭。

食无肉，行无车，住纸糊屋，这些都是明显的破绽，但是都被我用"平易近人"的理由给忽略掉了。

吃饭的时候，有一个穿黑背心的东北帅小哥——他是真正的靓仔，人挺拔，美丰仪——凑过来给我讲故事，说在南方，人与人之间的感情很淡漠，我说"是是是"；他说大家只相信金钱，我说"对对对"。

"我今天去银行取钱的时候，看见一个老板取了 500 万元，连眼都不眨，夹在胳膊底下就开车带走了。"

其他人都跟着说："是吗？哎哟，这人真有钱，开的什么车？"

他说："是一辆跑车。"大家就开始一阵唏嘘："这种车真是太棒了！我们将来一定要努力工作变成有钱人。"

这就到了第四阶段——开蛊。

所谓开蛊，就是开始蛊惑你，组团来忽悠你，首先就是刺激你对金钱的欲望。

请注意这里是"欲望"，不是"愿望"。其实，每个人都想挣钱，但欲望是不可遏制的。

我当时没有考虑这个场景的细节，很多年以后，我从银行取了 20 万元往外走，都觉得已经很沉了；他说那个老板取了 500 万元，用胳膊一夹就走了，我觉得这根本夹不起来，除非老板是西楚霸王转世，力大无比。

这么看，抢银行不但是个技术活，也是个力气活，如果是 500 万元，估计得搬一阵儿。但是这些细节都不可考了。

当时一听，我就说："哎，对！生子当如孙仲谋，大丈夫应该有一番自己的事业，什么金钱呀，豪车呀，都是我们人生当中的一部分！"

各位，你瞅瞅我这个人，特别适合被骗，人家还没怎么骗你呢，自己就上赶着爬到树上了，根本就不需要别人引导你。

东北靓仔和大伙儿对我的反应都很满意，基本上给出了评委们能给的最高分。这样的交流每餐都有，只是你自己意识不到，人家团队对你的攻心战已经开始了。

这就是由弱渐强地刺激你对金钱的欲望，对事业的渴望，对成功的渴望，让你欲火焚身，不能自拔。

接下来，就是让你感受到一种极度的接纳感。无论你讲什么，这帮人的回应都十分热情、真诚，让你感觉人和人之间的关系是那么的美好。

你哪怕讲了一句很烂的话，他们都会给你鼓掌；哪怕你就是一堆狗屎，他们也会给你一片土壤，让你感到身为狗屎的尊贵。

在这个过程当中，个人的意志逐渐被消解掉，所有的戒备心都悄然放下，你的防线在整个团队不动声色的进攻中，一步步被破坏掉。

第 3 幕 · 讲故事，做游戏，摧毁自尊是目的

事后再看，我发觉这种局面相当可怕，所有人都在算计一个茫然无知的人。他们整个团队配合默契，天衣无缝地蚕食着你所有的理性。

一次中午吃饭时，有人给我讲了一个笑话：

发大水的时候，有一个基督教徒掉到了水里，他说："我这么虔诚，上帝一定会来救我。"这时候远远来了一艘船，要救他走。他拒绝了，说："你们不用来救我，上帝会来救我的。"船上的人看了看，留下一句"傻帽"就开走了。

后来呢，又来了一架直升机，也要来救他，还扔下了救生索。他又拒绝了，说："谢谢，上帝会来救我的，你们走吧。"直升机也飞走了，

过了一会儿之后，他就淹死了。

淹死之后，他见到了上帝，埋怨地说："上帝啊，我这么虔诚的人，你为什么不来救我？"上帝说："我派人去救你了，先是派了一艘船，后又派了一架直升机，但是你不愿意跟他们走，我有什么办法呀？"

讲完这个故事，那人就问："大头，你听完这个故事有什么感受？"

你还别说，咱这个人就是会聊天。

我说："这个故事给我们一个启发，当机会来临的时候要毫不犹豫地抓住。"众人一起给我鼓掌，说："大头，你这个人太有慧根了，太有悟性了。"

这个时候，我真的有点儿相信他们喜欢上我了，因为每次都是不等他们挖坑，自己就主动加速助跑往坑里跳。

有一天，吃过晚饭后，他们说："咱们玩个击鼓传花的游戏吧。"

说来真是邪门，基本上都是一到我的时候，鼓声就停，这鼓声一停，就揭开一个小纸条，上面有需要回答的问题。

我后来发现，这问题里大有玄机。

鼓声停在别人那儿的时候，问题一般都是："红军长征走了多少里？""《西游记》里唐僧师徒一共几个？"

到我的时候，问题就变了，一般都是："红军长征一共多少人？他们各叫什么名字？""《西游记》里的妖怪老家都是哪里的？"

这种问题我怎么能回答上来？回答不上来就表演节目，比如说用屁股写"8"字。

大家可以体会一下，用屁股写"8"字是一个多么卖弄风骚的姿势，我这么矜持的人，怎么可能做出这种伤风败俗的动作？

所以我最后说，唱歌，讲故事都行，就这个不行。

一会儿工夫，我又被他们抓住了，你可以理解为这是一个团队围猎的过程，他们把绳索不断拉紧。

这次他们不要求我用屁股写"8"字了，改成了用嘴巴在墙上写一个"我爱你"。我觉得很肉麻，没办法执行，就在这个时候，小高同学跳出来说："没关系，我来给大家表演。"

他跳出来，用屁股来回摆动着写"8"字，扭着脖子写"我爱你"，非常滑稽可笑。

我突然有了一种陌生感，感觉他变化挺大。上高中的时候，他是很羞涩、很内向、很厚道的一个人，这时候怎么变得这么奔放和夸张？

就在他代我表演的时候，团队的其他成员没有一个嘲笑他的，反而都给他加油鼓掌，导致我一度有个错觉，感觉这个团队还真是蛮有爱的。

其实，这是一个群体围猎的游戏，在温水煮青蛙的过程中，他们按照流程有条不紊地往前推进，激发你对金钱的欲望，摧毁你基本的廉耻感，还专门给你讲不要脸就可以成功，干大事的人都不要脸这样的道理。

大家想一想，这一日三餐都是他们洗脑的课堂，他们不断用各种模式发起围猎，一个无辜的普通人很难防御太久。时间长了，你就心志渐乱，潜移默化中有了一种见怪不怪的心态，以妄为常。

就是在这个可怕的心理渐变过程中，你慢慢有了从众心理，为了获得群体的接纳，你的行为也会慢慢向他们靠拢。

所以，短短两三天的时间，我的整个人生观都发生了偏移。

但是我也隐隐感到有些地方不对。不对在哪儿呢？就是他们带我去的地方全是那种不花钱的景点，比如大学啊，公园啊，并且他们看上去也没什么很忙的工作，主要工作是陪我。

　　我刚开始觉得很不好意思，后来觉得这帮人怎么没事干呢。但是直到那时，我也没想到这帮人是搞传销的。

　　这一晃就到了第五天，我跟小高说："你得带我去见你们领导了，行不行给个话。你知道，我是请假来的，请了五天假，要不然假期满了，我就得回去了。"

　　可能经过这几天的考察，他们认为我已经过关了，所以在我提出这个请求后，他们进入了下一个环节——开框架。

　　什么叫开框架呢？就是找一个特别能说会道的人，给你最后的致命一击，来一个集大成的洗脑成果。

　　所以，小高听我说要见领导，就带我穿大街走小巷，一路左转右转，左绕右绕，来到了一栋小区里的居民楼旁边。

　　我这个人是傻，但不是智障啊。在他带我绕路的过程当中，我始终有个疑问——就这前后两栋楼，绕来绕去干吗？

　　他认为我已经被绕晕了，但万万没有想到，我到一个陌生的地方，喜欢记一些标志性的景物，这个习惯帮助了我。

　　绕那么多弯之后，他带我进了一个单元门，上了三楼，一推门走了进去，这是一个三居室结构的房子。

　　进去之后，门的左手边是一间房，房门虚掩，我往里一瞟，一屋子人席地而坐，多么熟悉的公安机关查抄传销团伙的场景啊。

　　这个瞬间，我的眼前犹如有一道闪电劈下，我战栗了一下，瞬间明白了自己身在一个什么样的处境里。

　　说起来，我到现在都很佩服那时的自己。那时候的我就是一个刚刚毕业的生涩小青年啊，但我不动声色，慢悠悠地继续往里走，以

智商税

至于10多年后，我还想给当时的自己磕一个头——哎呀，表现得太完美了！

他们三绕两绕地把我带到最里面那一间房，有一个大姐在那里，就是所谓开框架的导师。实事求是地说，传销这个行业看来是真不行，一个美女都没有，这表明美女、资金这些优质资源非常厌恶这个高风险行业。

我一进去，大姐就做领导状，嘘寒问暖，说："这几天过得怎么样啊？小伙子，还适应不？"

我说："领导，都还挺适应的。"

这个时候，我的内心平静如无风的海，只是专心和她扯淡，她说改革开放，我就说南国春风早；她说国家政策，我就说党的改革路线。总的来说，两个人素未谋面，但是在这一瞬间配合得相当默契，堪称天衣无缝。

这开框架的大姐彻底被自己骗住了，认为是她滔滔不绝的辩才把我彻底征服了，我也表现得像是彻底被她征服了。

我说："您如此年轻有为，听我同学说，您是咱们团队中了不起的人物。"

"哪里！有点儿过奖了。"她虽然很谦虚，但依然掩饰不住内心的骄傲，所以有些时候，只要牌面明了，忽悠和反忽悠，有可能会在一瞬间易位。

不等她回过神来，我就说："考察了几天，无论从当地的风土人情——南国这片改革开放的热土吸引了我；还是我们同事的关系——那些美女都嘘寒问暖，要帮我洗脚，我都特别喜欢这里。应该说，'喜欢'这个词不足以表达我此刻的心情，准确地说，我深深地爱上了这个地方。"

大姐听到这个之后，两眼笑开了花，因为她仿佛看到一个传销界的新星在冉冉升起，她今天的开框架成功了。

就在她高兴的时候，我很谦卑地提了一个请求："我是请假来的，现在假也到期了，我想给单位领导打个电话，正式辞职。我就不回去了，在这里扎根，在南国大干一场。"

大姐确实放松了警惕，说："好的，你这个要求很合理，人言而无信是不对的，要诚信，和过去的单位、领导要好聚好散。"

这个时候，就看出搞传销的穷来了，大家竟然都没有移动电话。这就给我创造了一个天赐良机到楼下打公用电话。

我说："领导，您说得太对了，我到楼下打个电话，把这事办一下。然后，我们就是一个 team（团队）了，You are my leader（你是我的领导）！"

大姐已经深深陶醉在她的胜利里，对我这个请求大手一挥就放行了，但是她依然没有忘记他们正规的工作流程，随口唤出两个身高一米八五左右的彪形大汉，让他们"陪"我去打电话。

我说："不用不用，我自己去就行。"

"南方的治安不太好，让他们陪着你去。"

我心说只要能出这个门，我就有机会。所以，我们三个人有说有笑地下了楼，有说有笑地出了小区，有说有笑地走到了一个十字路口。

各位，这要是细说起来，我也算是粗中有细的人了，游玩的这几天，我就对周围的地形做了大致观察，发现小区旁边有一个派出所，派出所边上的路口平日里车水马龙，周边还有几个商场和广场，应该是市中心一带。

走到十字路口，我看前面有交警执勤，广场有几个保安来回溜达，

智商税

心里就有了数。

过马路的时候，我停下来微微一笑，对两个陪同的大汉说："两位，请回吧。"这两个大汉不明就里说："不不不！我们陪着你去，保证你的安全。"

我说："两位，只要你们不跟着我，我就安全了。从现在开始，你走你的阳关道，我走我的独木桥，可好？"

两个大汉这时候才发现事情不对劲儿，勃然变色，一前一后地逼上来说："大头，你什么意思？把话说明白。"

我说："我已经把话说得很明白了，你们干的什么勾当，我十分清楚。但是我告诉你们，我不想干这事情。"

他们两个一前一后，像熊大和熊二一样，气呼呼地说："你有没有想过说这话的后果？"

我说："想过了，但是你们俩有没有想过，如果你们谁敢再往前走一步，动我一下，我会毫不客气地立刻反击。中国人就喜欢看热闹，你们俩在 30 秒之内是不可能把我制服的，信不？"

他俩看了看，感觉在 30 秒内的确不可能制服我。就在他俩迟疑之间，我说："30 秒之内，中国人会围成一个看热闹的圈，信不？前面的交警、路上的巡警、广场的保安都会过来，信不？"

熊大和熊二看了看四周，信了。

我说："然后你们就会被迅速地顺藤摸瓜一锅端了，信不？"两个大汉听到这里，脸色开始发白，可以看出来他俩基本是属于四肢发达、头脑简单类型的。

这几个逻辑推演过后，他俩明显底气不足了。我发现多读书还是有用的，两个大汉被我这几句话镇得原地不动，呆若木鸡。

我说："两位，赶紧走吧。把我的同学叫来，我就跟你们拜拜了！"

两个大汉说："好，大头，算你狠，你等着。"

两个人风一样回去报信了，我站在原地等小高来。我为什么没有立刻走呢？大家别忘了，我的所有证件，还有那500元的"巨款"，都放在他们宿舍里呢。

我现在身无分文，连个证件都没有，想走也没有办法。

我现在就盼着小高出来，好说服他一起走。但是，令人不安的是，他好像人间蒸发一样，再无影踪。

过了一会儿，从小区里急匆匆地奔出来两三个人，过来说："大头，咱们中间是不是有什么误会？"

我说："几位，误会这个事就不要再说了。我劝你们放聪明一点儿，赶快把我同学叫来，把我的钱包、身份证、毕业证这些还给我。大家一拍两散，井水不犯河水。"

他们说："你误会了，其实我们不是搞传销的。这几天你没看到吗？我们做的是正规生意。"

"哎呀，几位就别再啰嗦了，没有什么意义，你们赶快回去吧。"我一边说，一边从小区门口往外走，走过了繁华的十字路口，来到了农业银行附近，因为我看到这地方有摄像头。

大家以后出门在外，也多一些安全意识，在这种有公共摄像头的地方，不法分子一般不敢乱来。果然，他们看我决心已定，相互看了看，其中一个人悻悻地走了。

这是上午九点钟左右的事情，此时的街头车水马龙、人群熙攘，看上去岁月静好。

这个时候我特别想让小高来，但心里全无怪他的意思，以我对他的了解，他应该是一时鬼迷心窍。我想带他一起走。

智商税

但是，他一直没有出现，我也不敢轻举妄动。就在双方的尴尬僵持间，来了几个姑娘，就是前几天的那几位"靓女"。

她们一见面就悲戚地说："靓仔，你是不是想抛下我们走？"我说："是，人各有志，不能勉强，赶快让我同学来，咱们好聚好散。感谢大家这几天对我的关照！"

几个姑娘上来又摇我的胳膊又晃我的手，我说："几位，男女授受不亲，不要动手动脚的，请大家自重。"

那几个姑娘发现美人计不起作用，其实她们哪里知道，不是美人计不起作用，而是来的根本都不是美人。

再后来，对方画风突变，不知什么时候来了一个身高一米六左右的"彪形大汉"。他穿着小背心、趿拉着一双人字拖，跑到我跟前说："你晓得这是在谁的地盘上吗？"我一听，怎么开始讲黑话了？

"我晓得，在中华人民共和国的地盘上。"

"不是，答错了，是在我们的地盘上。你晓得前两天新闻上那个被卸了胳膊的人胳膊是怎么被卸的吗？"

"我晓得，用刀卸的呗。"

"我告诉你，是我们卸的。"

"哦，是你们啊，明白，你们这是要去投案自首吗？"

"别打岔，你晓得如果今天不配合我们，会有什么后果吗？"

"晓得，会被你们打死。"

"哎，明白人，现在跟我走。"

我当时就特别奇怪，如果要派人恐吓我，那就应该派刚才那一米八的小伙子，这样我觉得还是有点儿威慑力的。派这个一米六左右的小哥来是什么意思啊？

我没有说话，慢慢走到他前面，低下头，感觉隔了好远地俯视他；他倔强地仰着头，仰视着我，我们四目相对，火花四溅。

我一字一顿地说："你——给——我——滚！"他仰视着我，突然感到很无奈，扭头趿拉着济公式的拖鞋就走了。

就这样，他们来了一拨又一拨人，劝我"弃暗投明""共图大业"，我就背靠银行"舌战群儒"。

时间慢慢到了正午，我突然意识到，他们最终的战略意图根本不是说服我，而是拖垮我。

这时候，他们还假模假样地给我送饭，被我给拒绝了。太阳一点点向西落去，我更加明白了，他们原来打的竟然是一场消耗战。

因为过了六点，警察就结束执勤了，银行也下班了，街上会变得空荡荡，只剩下我自己。显然，那才是最危险的境地，双方毕竟已经撕破了脸。

明白这个问题之后，我顿时一身冷汗，心想："不行！战术必须调整，必须做出改变！"

眼看天色将晚，我鼓起勇气跑到街边的公共电话摊，操着一口山寨到令人发指的广东话跟摊主说："雷好（你好）啊，我想打个电话啦，但是钱包丢了啦，我让同学送钱过来付话费啦，你看行不行啦？"

你还别说，那哥们儿还挺仗义的，他的口音非常像电影演员吴孟达："好啦，出门在外，请讲普通话啦，你打啦！"

我立刻拿起电话，给小高打了一个传呼："五分钟，如果你不出现的话，我立刻报警。如果不相信，你们可以试试看！"

我把电话挂了，很酷。

这个大哥看了我几眼，目光颇为复杂——不是说丢钱包吗，怎么

智商税

还报警呢？但是电话已经打出去了，他也懒得管了。

也许是我这一天不屈不挠的卓越表现彻底征服了这个传销团伙，也许是最后这个电话起了作用，总之不论什么原因，五分钟之后，小高神奇地出现了。

我跟他说："小高，我首先跟你讲几句话，你不要说话。第一，我不恨你。以我对你的了解，你应该是为我好，是不是？"

小高说："是。有福同享，有难同当，才是好兄弟。"

我说："我对这一点深信不疑，丝毫不质疑你的动机。第二，我认为这是传销，不是正经事业，你现在跟我一起走。第三，如果你不走，请把我的证件、钱包等等拿给我，好吗？看在咱们过去兄弟的分儿上。"

他有些犹豫。实事求是地说，我刚才说的不是违心话，我到现在都不恨他，因为很多年之后，我们又见面了，当时他已经脱离那个体系了，兄弟们把酒言欢，一笑泯恩仇。我对他的人品和出发点一直没有怀疑过。

我一直认为，他因为太老实忠厚，被人给洗了脑。他的确相信这是一个发家致富的机会，他太想成功了，也太想拉着我一起成功了。

所以我讲的这几句话都是肺腑之言。我说："你现在就跟我走，别人有没有限制你的人身自由？"

他说："没有，你看我现在是自由的。"

很庆幸，我当时遇上的是南派传销，这个传销组织的特点基本上是以精神控制为主，很少采取暴力手段。与其相对的是北派传销，特点是以帮找工作的名义，把人骗到荒郊野外，暴力囚禁，不给钱就殴打，死伤众多。

不幸中的万幸，我碰到的还是比较文明的南派，大家做事还是有底限的，求财嘛，干吗要打人？所以小高说："我很自由，但是我坚定不移地相信这个事情，你千万不要放弃，都已经来了，为什么不试一把呢？"

我说："有些事情是可以试的，有些事情是没必要试的。这个事情有无数惨痛的案例摆在我们面前。现在，我给你两条路，我们一起走，还是好兄弟；或者，你把我的身份证、钱包什么的都拿来，再给我取300元，这个事就翻篇了，我们还是好兄弟。如果你啥都不管，你就走吧，我们从此一刀两断。"

有人会说我过分了，把身份证、钱包什么的拿过来就行了，为什么还要别人给300元呢？

各位有所不知，我是到了当地才发现，当时虽然银行卡可以跨地区取钱，但是存折不行，所以我相当于身无分文。我连一分钱回去的路费都没有，必须让小高给我取钱。如果他不取钱的话，我还真不知道该怎么办。

可能在我这种强大的气场之下，他们整个团伙经过认真评估，终于发现不还我证件的风险比较高，因为他们还来不及转移。

于是小高就把我的身份证、毕业证、钱包，还有一些生活资料都拿了回来。他说："不给你取钱了，我送你去火车站，到那儿给你买票。"

就这样，我们就坐公交车去火车站。当时天还是亮着的，除小高外还有一个人陪着我，直到我登车前十几秒钟，他们还说："这么好的机会，你就这么轻易放弃了，以后会感到心痛的。你的青春留了白，这一次错过，就是生命中的大遗憾。"

我说："各位，其他不说了，就此别过了，拜拜了您呐。"等到开车的那一刻，我整个人才完全放松下来。

后来有人说，他们之所以"敬业"地一路把你给送到车站，主要是怕你去公安局举报他们。不过他们真的想多了，小高在里面，我投鼠忌器，并没有举报他们的打算。

大概坐了两天一夜的火车，我又"咣当咣当"回到了原来的单位。好在是请假，领导们都不知道我干什么去了，波澜不惊。

但是对我来说，这几天就好像一个世纪那么漫长。

后来，过了七八年的样子，我和小高又见了面，他已经不干传销了，改行做了 IT 培训。

这次见面，我们在一块儿吃饭时，都心照不宣地没有提那件往事，正所谓"度尽劫波兄弟在，相逢一笑泯恩仇"。

许多人不知道的是，在那个千里之外的异乡的下午，我心境黯然之时，小高说了这样一句话："你放心！你真想走的话，没有人能拦得住你。如果他们敢拦你的话，就踏着我过去。"

所以，从那时到现在，我和小高的情谊一直没有变。

尘埃落定后，回望岁月的旅途，这个事情有点儿像南柯一梦。整个过程当中，你会感到很梦幻，像穿越了一部荒诞电影。

这里，还有一件小事值得一提。我回来后，某天和几个师弟在一起打排球，闲聊起来，悚然得知，他们几个也面临着同样的情况：老同学盛情邀约前往，地点竟然也是我刚归来的那个南方城市。

我说，你们问他工作地点是不是在某地某街某巷几号楼，然后告诉他们，不要害人害己，他们自己心里就明白了。

果然，他们依计而行，对方被打了一个措手不及，未能得逞。

可见，传销危害之烈，贻害范围之大。

接下来，大头来教你如何躲避传销的坑。首先，我们来看一下传销的危害。

知识点 1 · 传销的危害

传销是中国明令禁止的一种经济类邪教，危害特别大。我个人总结有以下几点。

危害 1：参与者普遍贫困

参与传销的人基本上是社会底层民众。你很少看到"白富美"和"土豪"参加传销活动，只有底层人因为没有很好的上升通道，没有很好的致富门路，才会产生一些空想和幻想。传销唤醒了他们内心对财富的渴望和贪婪。

为什么说参与者普遍贫困呢？在这个体系内，没有一个人从事生产，他们做的都是零和博弈，把你的钱骗到他们那儿，最后让你从受害者变成加害者，再去骗其他人。传销团伙中没有生产者，有的只是消费者和掠食者。它不像普通的合作，大家能通过社会分工实现共赢。

危害 2：参与者的情感和世界观普遍遭受重创

其实，参与传销的人中很少有从头到尾被欺骗的，好多人都是到了一定阶段就识破了骗局，但为时已晚。传销参与者伤害的第一个圈层往往是父母子女、兄弟姐妹，再往后是同学朋友，因为这些人不设防，容易骗。

所以这些人一旦发现被骗，就会对亲情、友情、爱情这些世间最美好的情感产生致命怀疑——世间还有人可以信任吗？他们的情感和世界观遭受了重创。

智商税

危害 3：败坏社会风气

实际上，在传销猖獗的地方，不少当地人就处于传销链条当中，尽管他们没有直接参与传销的任何环节，却为传销组织提供了租房、融资、餐饮、打掩护这些服务，为虎作伥，甚至派生出黑恶势力。

知识点 2 · 传销的特征

我们国家聪明人不少，但一些人把小聪明用到了登峰造极的地步。

传销这个行当从我国台湾地区传到大陆以后，像病毒一样迅速产生了很多变种，从南向北，从北向南，不断变异，产生了所谓南派传销、北派传销，现在已经升级为二合一变种了。

那么，我们怎么判断面对的公司或者机构是不是在搞传销呢？

传销也在"与时俱进"，经常打着高科技公司、互联网科技的名义活动，并且传销头目也出现了高智商化、高学历化的特点。它们的网站服务器和头目都在境外，所以对于传销组织的甄别越来越困难。但是，我还是总结出了传销的几个特征：

特征 1：位置偏僻难找

正常的社会组织都很透明，比如说去公司应聘，正常来说，招聘方的人力资源经理会和你面谈，谈薪资、待遇、在哪儿上班、干什么业务。这些很清楚，并且基本上是在办公场所谈。但是传销就不一样了，传销者会神神叨叨地带你去居民楼，去荒郊野外。

所以不论男生女生，找工作的时候一定得睁大双眼，一旦发现车试图驶出市区，开往一些偏僻的民居或者荒郊野外，就要立刻采取行动，要么让同学来接，要么让司机停下，要么报警，要么伺机逃脱——这个时候还是有机会逃脱的，一旦进了他们的窝点，再想逃脱就困难了。

特征2：没有实际业务

传销者跟你讲半天，吹到天上去，却没有任何产品可以展示，即使有，也是那种一看包装就很简陋低端的东西。他们的目的主要是骗人头费，而没有实际业务。

特征3：人人闲着无事

如果你去的是一家正规公司，那么大家都会很忙，没工夫啰啰嗦嗦跟你说这道那。如果你到了一家公司，发现一群人天天围着你转，没正事可做，那就基本上可以判定，你进了传销组织，因为他们正在不间断地对你洗脑。

特征4：鼓吹一夜暴富

传销者总会跟你讲暴富的故事，忽悠层层返利的神话。他们热衷于鼓吹一夜暴富，激发你对财富的极度渴望。

如果一家公司有以上特征，就基本可以判定是传销组织了。

大头还要跟大家说一点，我们通过手机APP，比如"天眼查"，就可以很容易地查到正规公司的信息，比如股权结构、业务范围，所以大家在应聘之前最好先查一查。也可以直接百度一下，比如说"蝶贝蕾"，一搜就能看到很多人说这是家骗子公司。做事情前多了解一些信息，总是没坏处的。

如果万一，我们说的是万一啊，你误入传销组织，千万要保持冷静，

　　　　　　　　　　　　　　　　　　　　　智商税

像大头一样随机应变。因为传销分子的主要目的是求财，而不是害命，所以安全脱身的可能性还是非常大的。但是，之前也发生过毕业生误入传销组织被殴打身亡的悲剧。这个事件令人非常痛心，同时也提醒刚出校门的同学在自身社会经验比较匮乏的情况下，更要小心谨慎。

这种悲剧，大概率是可以避免的，大家要永远记住一句话：和生命相比，金钱的损失都是可以忽略不计的。生命至上。

知识点 3 · 传销的土壤

讲完了传销的几个特征，我再给大家讲一讲传销组织为什么一直存在，即滋生传销的土壤有哪些。

土壤 1：不劳而获的人性弱点

但凡是人，都有人性的弱点。对于容易陷入传销骗局的人来说，他们的弱点就是期望不劳而获，或者少劳多获，幻想自己一夜暴富，甚至对生活缺少一种踏实的态度，生性好赌。所以，人性的弱点是滋生和助长传销组织的前提条件。

土壤 2：逻辑教育的缺失

从小到大，我们受到的逻辑教育太少了，对这种常识类的东西，了解得太少了。久未见面的朋友突然之间联系你，大肆吹嘘他生活得多么好，然后问你过得怎么样。说实话，这就不怎么符合逻辑。因为真正的友谊不会那么热情如火，而是细水长流。还有，奇迹这种事不大可能发生在普通人身上。所以，我们对一些事情的思考缺乏逻辑支撑，脑子一热就去了。

逻辑教育的缺失，也包括风险教育的缺失，导致很多年轻人走出校门后不知道怎么处理这些事情，缺少一种生存的逻辑和智慧。比如说，你到了之后，对方神神秘秘地告诉你，这是一个国家暗中支持的保密项目。你想想，你是谁呀？怎么可能参与到国家暗中支持的保密项目中？如果明白这个道理，你就不会有妄念了。

知识点 4 · 斩草要除根

传销之所以这么猖狂，屡禁不止，我认为从本质上来说，原因就在于我们对作恶者的惩戒力度大大小于他获得的收益。所以，从根源上解决传销问题，还是要靠制度。制度说来说去很空泛，我先给大家讲两个小故事。

故事 1：合格率 100% 的降落伞

第二次世界大战期间，美国空降兵的指挥官曾面临一个头疼的问题——当时他们的降落伞的合格率为 99.9%。按说这个合格率已经很高了，可这还意味着从概率上来算，每 1000 个跳伞的士兵中就会有一个因为降落伞不合格而丧命。

军方要求厂家必须让降落伞合格率达到 100%。厂家负责人两手一摊，说："长官，你枪毙了我也没用，我们已经竭尽全力了。从工艺水准来看，任何生产线不出现次品是不可能的，99.9% 已是极限了，除非出现奇迹。"

后来，美国军方负责人就改变了检测制度，说："我不要求你们的合格率达到 100%，但我要变一下交货制度。每次交货前，我会从这批降落伞中随机挑出几个，让你们的负责人亲自跳伞检测。"从此，

智商税

奇迹出现了,降落伞的合格率真的达到了100%。

故事2:死亡率为0的运输船

英国在澳大利亚建立殖民地的初期,因为那里地广人稀,尚未开发,政府就鼓励国民移民过去。可是当时的澳大利亚非常落后,没有人愿意去。政府就想出一个办法,把罪犯送到澳大利亚。这样一方面解决了英国本土监狱人满为患的问题,另一方面也解决了澳大利亚的劳动力问题,还有一条,他们以为把坏家伙们都送走,英国就会变得更美好。

英国政府雇佣私人船只运送犯人,按照装船的人数付费,多运多赚钱。很快政府发现这样做有很大的弊端,就是罪犯的死亡率非常之高,超过了10%,最严重的一艘船死亡率达到了惊人的37%。政府官员绞尽脑汁想降低罪犯运输过程中的死亡率,包括派官员上船监督,限制罪犯装船人数,等等,却都起不到什么效果。

终于,他们找到了一劳永逸的办法,就是改变付款方式:由根据上船人数付费改为根据下船人数付费。船东只有将人活着送达澳大利亚,才能赚到运费。

新政策一出炉,罪犯死亡率立竿见影地降到了1%左右。后来有的船东为了提高生存率,还在船上专门配备了医生和医疗设备,将死亡率几乎降到了0。

我讲这两个小故事,是想说明什么呢?传销之所以在中国屡禁不止,很重要的原因是我们缺少系统化的反制传销的制度。我觉得,想要减少传销组织的活动,应该依靠以下措施。

措施 1：普及防传销知识

在我们的教育体系内，特别是大学公共课里，一定要有关于国民的逻辑教育和品格教育的课程。开个玩笑话，可以把大头的这本书发给每个学生看看，让他们在学校里就意识到什么是传销，传销的特征有哪些，误入传销组织后如何脱身，等等；让他们一见到传销人员，就能敏锐地识别出来。

措施 2：加大处罚力度

我们现在对传销人员的处罚过于轻微，特别是对于只谋财不害命的"南派传销"，没有很重的处罚，导致他们敢于铤而走险。传销像造假一样，利润高、风险低，所以很容易死灰复燃。

中国已经进入了人工智能和大数据时代，国家机关可以把传销组织的头目、骨干列入黑名单，让这些人每逢坐高铁、住酒店时都要接受各路盘查和警告，让他们成为人人喊打的过街老鼠，使他们的非法成本变得非常高。

大头想说的是，对于陷入传销的人来说，无论是主动还是被动，问题都是付出不多，但是想要的太多，人性当中的贪欲被激发出来，上了贼船，越来越难下。

在创业、求职、谈恋爱、交朋友时，在所有的社交行为当中，我们首先要尊重常识和逻辑，首先要相信天上不会掉馅饼。所以，你觉得碰到好事的时候，要三思而后行。我们生活在社会当中，大家一定要遵守法律，遵守规则，勤劳致富。

最后，想给各位分享的是，天上虽然不会掉馅饼，但容易落鸟屎，这样的"天屎"不要也罢。

智商税

○ 2 ○
猜猜我是谁

说完所亲历的传销骗局，接下来，大头要给大家分享另一种骗术，那就是骗子经常玩的一种叫作"猜猜我是谁"的把戏。这是一个很小儿科的把戏，很多人都听说过，但还是有不少人一不小心就中招了。

下面要说的，就是我折戟上海滩的故事。我依旧会将这一骗术的流程原原本本梳理出来，标注好各个节点，供各位作为防骗指南参考。

第 1 幕 · 骗子来电话了

有一年，我和领导还有同事一行三人去上海出差。

到了上海，我们在客户公司下属的酒店住下，然后紧锣密鼓地调研了四五天业务上的事情，客户公司的代表胡秘书全程陪同我们。

调研结束的那天正逢周五，我们就对胡秘书说："明天礼拜六，你们就不用来陪了，我们正好在酒店休息休息，整理一下这几天的调研内容，礼拜一返程。"

大家都知道，上海最大的好处就是公私边界比较清晰，我们不想在这种休息时间打扰人家，给人添麻烦。我也非常喜欢这种公私分开、清清爽爽的风格。

这一点和北方不同。在北方，大家公私不分，只要客人来了，他们待几天我们就陪几天，一天三顿小烧烤，整得妥妥的。

实事求是地说，这几天的调研节奏非常快，大家非常劳累，回到房间后，很快酣然入梦了。事情到这里，还算是正常的。时间到了第二天八点钟左右，作妖的来了，房间的电话突然响了。

我接起来一听，对方用上海本地话说："你能听出来我是谁吗？"

我那时候还年轻，生怕自己听不出会导致对方难堪，心想，这人我肯定认识，至少是比较熟的，要不然他就不会这样开玩笑了。

我马上就想，除了几个同学，我在上海哪有熟人呢？但是几个同学都讲普通话呀，可以排除掉，毕竟他们一时半会儿也学不会这么地道的上海话。

想来想去，就只有接待我们的胡秘书了，他的上海话讲得很正宗。

我立刻故作聪明地说："你是不是胡秘书啊？"我心里说，还跟我玩这一套？我一听就知道是你。结果对方连忙回答说："对啊，阿拉就是胡秘书啦。"

各位，从这个时间开始，我就主动加速跳进了骗子的坑里，在潜意识里就认为对方是胡秘书了。所以，骗子最厉害的地方在于他们构建的那个话语体系，一旦进去，就如入迷宫，极难脱出。

"胡秘书"说："这样子，今天早晨，我请大家出去吃早点。"

我说："不对呀，咱们不是说好的今天休息吗？"

他迟疑了一下说："是啊，但你们来一趟上海也不容易，我们也要尽地主之谊嘛。"我心说，这哥们儿怎么突然变得这么热情。

有人讲，抬手不打笑脸人，人家这么热情地邀请你，你还有什么话说？我说："不给你添麻烦了，你就在家休息一下，陪我们这几天也很辛苦。早餐呢，我们就在酒店吃好了。"

结果那哥们儿特别执着，说："你这样就太见外了，好不容易来一趟，对不对？也让我们尽一下地主之谊嘛。"

我很奇怪，心说这几天你也陪得那么辛苦，为什么大周六的又这么起劲儿？后来我实在拗不过，就想，实在不行就把这个矛盾上交领导吧。

我说："胡秘书，这个我说了不算，你干脆找我们王总吧。"

他接着问我："王总的房间号是多少？"

各位，这是骗子露出来的第一只马脚，因为我们所有人的房间都是胡秘书安排的，如果他是胡秘书，怎么会犯这种低级错误？

但是，我这时已经落入了他精心设计的话语陷阱，潜意识里认为他就是胡秘书，所以没有在第一个破绽出现时识破这个骗局，反而跟他开玩笑："您这是贵人多忘事啊，明明是你给王总定的房间嘛。"

"哎哟，是的，不过我事情多给忘了，麻烦你给我说一下。"骗子轻而易举地把这个破绽补上了，然后我这个猪队友还十分配合地把我们领导房间的电话告诉了他。

过了一两分钟后，有人敲我们的房门。

我开门一看，竟然是王总。

王总说："胡秘书邀请我们去吃早餐呢。"

我说："是啊，他也邀请我了，我说不想去。咱们不是说好在酒店休息吗？"

王总说："是啊，他太热情了，听说我们不去时都要哭出来了。"

我们三个热情好客的山东人商量了一阵子，感觉这样拒人于千里之外也不太好，不能让人难堪，干脆去吧。

我们打了一辆车，按照"胡秘书"给的位置，一路风驰电掣，很快就驶出了上海滩，最后竟然来到了荒郊野外。

站在那个城乡接合部的工地旁，我茫然了，"胡秘书"说的什么凯宾斯基大楼，什么喜来登，在哪里呢？

在我们的眼前，只有一栋正在施工的大楼，不过刚起地基而已。为了请我们吃个早点，不至于这样隆重啊——新建一栋大楼。

第2幕 · 及时的电话卡

正在纳闷的时候，我的电话响了。

大家请注意，我稀里糊涂地就充当了骗子的得力小助手。

他跟我说："哎呀，大头，我们快到了，你们稍等一下。"

我说："是这里吗？这儿荒郊野外的，连个孙二娘的包子店都没有，去哪儿吃早点啊？"

他说："就是那个地方，你们在那里等我，那地方好找，我们回头去另外一个地方去吃早点。"

咱都是善良单纯的人，把别人当成好人想，对不对？谁会想到这个世界上还会有骗子呢？

我说："好的，你不要着急，我们等一下。"

过了大概五分钟，"胡秘书"又打来电话，语气急促地说："呀，大头，真不好意思，我们怕你们等得着急，为了赶时间，开得比较快，在路上出了车祸，麻烦你们再稍微等一等。"

我一听，心里那个愧疚啊。你看看，吃什么早点？给人家添那么多麻烦，竟然还让人家出车祸了！我特别紧张地问他："你们有没有受伤，严不严重，需不需要报警？"

他说："不用，也不是特别严重，没有人员受伤，就是车子刚蹭了。我的手机马上就要欠费了，麻烦你先帮我在附近找个小卖部买一张电话卡，把卡号和密码发过来，等一会儿见了面，我把钱给你。"

我心里一想，天哪，人命关天，十万火急，还提什么钱啊？对不对？

智商税

要什么自行车啊？

我说："别说钱的事，你赶快处理事故，我去买卡。"挂了那个电话之后，我们惊慌四顾，看周围有没有商店。

神奇的是，在我们50米开外真的有一个小卖部。

我后来想，说不准骗子就是在这个小卖部里观察我们的。要不然怎么那么巧啊？我们在荒郊野外要买电话卡，真的就有个卖电话卡的小卖铺出现了，就好像《西游记》中的情节——荒郊野外凭空变出一处农舍，还有老人家和仙女。

我那时毕竟还是白衣年少，善良单纯，就一路飞奔过去，气喘吁吁地跟老板说："有没有电话卡？"老板说："有的。"

我就赶快买了张电话卡，把卡号、密码发给他。

过了五分钟，"胡秘书"的电话又打过来了，他心急火燎地说："没有收到啊，十万火急，大头，你赶快再给我搞一张，我见面就把钱给你。"

这时候我心里特别愧疚，觉得因为自己要吃早点，才给对方造成那么大的麻烦。我再次飞奔过去，又买了一张发给他。

过了一会儿，他又给我打电话，说还是没收着，能不能再去买一张。

这个时候，我还想去买，但王总把我叫住了，说："大头，先不要去了，我觉得这上海人不太讲究，出了这种事情，不找他的朋友、同事，怎么老找我们呢？"

我一听，有道理啊，如果我们遇到同样的事情，肯定不会找客人要这个钱嘛。就在这个时候，一辆出租车从旁边路过，王总说："你看这荒郊野外的，早点也吃不成，要不咱们先回去吧，有什么事在路上用电话处理。"

我们一看，领导有点儿不高兴，就赶快回去了。

我们到了酒店，要进大堂的时候，朴实善良的王总突然跟我说：

"大头，你看看附近有没有卖电话卡的？如果有的话，就买一张发过去，万一他们着急用呢。"

"好的！"我举目四望，竟然很神奇地看到一家卖电话卡的店铺，赶快又买了一张发过去。

折腾了一个早晨，我们早点没有吃成，还经历了这么一个波折，真是恼火。

第3幕 · 我们是不是上当了？

回到房间后，就在我和同事感到这个事情匪夷所思的时候，房间的门又响了，我过去开门一看，竟然是王总。

他老人家摸着头发对我说："大头啊，我们是不是上当了？"

"嗯？上什么当？上谁的当？谁上当了？我的天哪，有可能！"我在自己一连串的疑问中，突然从之前的思维陷阱里跳了出来。

王总说："这个事你想一想，好多地方不对劲儿啊。"就在电光石火之间，我突然意识到我们好像的确上当了。

我们快速进行了复盘，初步判定对方肯定不是胡秘书，这一点我们也和胡秘书委婉地做了验证，确实不是他。

这个时候，王总百思不得其解地说："骗子怎么能知道我房间的电话呢？还知道我姓王？"

咳咳，这就尴尬了！

我说："王总，是我告诉他的，当时他一个劲儿邀请我们出去，我实在推脱不了，就让他找您去请示。"

王总恍然大悟地说："这就对了，我们都掉进了对方设计的骗局话术里。"

智商税

第4幕 · 事件复盘和分析

人类之所以上当受骗，第一大原因是贪心，但像我们这种情况，礼貌或者虚荣心，也会成为上当受骗的理由。接下来我给大家复盘一下。

最可怕的是什么呢？一旦你跳进了他设置的语境当中，进入他们的话语体系，它就极具迷惑性。他们这套骗局是经过精心设计和实践改进的，根据人类本能的反应，你很难逃出他们预设的圈套。

比如骗子告诉你出了车祸之后，你的反应全在他们预料之中，他们有一整套话术体系来对付你。我们这种没有受过专门训练的，一听说对方出车祸了，第一感觉是什么——愧疚，马上就想着自己做点儿什么来补偿。所以你就是求着，也得把这几百元花出去。

听领导这么一说，我们一激灵，一复盘，从骗子的逻辑陷阱里跳出来，才发现原来是这么回事。

这时候，骗子又打来电话了。

我说："各位，交给我来处理。"此时正反方易位，这个之前占据上风的骗子开始落下风，整个局面也发生了逆转。

人就是这样，一旦回过神来，就会发现骗子的伎俩十分可笑。但是"不识庐山真面目，只缘身在此山中"，只要还沉浸在其中，你就难以看破，这就是骗术的神奇之处。

我把电话接通，开了免提："哈啰，胡秘书。"

"大头，你好。"

"你们的车祸处理完了吗？"

"快好了。"

"死人了吗？"

"呃……呃……没死人。"

"没死人怎么能叫车祸呢？你再告诉我一遍，有没有死人？死了几个？伤了几个？重伤几个？轻伤几个？"

"呃……"

你看，我这些话都不在骗子的预案之内，他就结结巴巴说不出话来。我的领导、同事都憋着笑，有点儿忍不住了。

对方顿了一顿说："大头，没死人呢。怎么着，你还盼着我们死几个人吗？"

我说："是啊，不死几个人，怎么能叫车祸呢？你说是不是？"

骗子很尴尬，不再接这个茬儿，转而说："我还没有收到你的卡号、密码啊，你还是要给我发呀！"

各位请看，这就是骗子。当你在他的逻辑陷阱中的时候，他是非常可恨的，处处牵着你的鼻子走。然而，你一旦识破骗局，就会发现他特别可笑，和智障一样，根本没有听出我在取笑他，或者装着不懂，生搬硬套地按照他们的剧本走。

我说："你只要卡号和密码吗？那点儿小钱没用，对吧？我们王总对这个事情十分抱歉，他要我给你转10万元过去，你看怎么样？"

骗子一听，天啊，这是碰上哪里的蠢货和神仙哥哥了？他的声音都开始哆嗦了："大大大……头，我镇定一下，你你你……说的是真的吗？"

"我说的是真的呀，哎，你的上牙怎么老和下牙打架啊？我们领导说了，因为我们出去吃早点，导致你们发生车祸死了几个人，我们感到很愧疚，需要给你们打点儿钱去做事故处理。"

"你稍等，我给你发个卡号。"

"好的，你给我发个卡号过来，先不要挂电话。"

智商税

我听着对方一阵激动，好像在那里平复自己的情绪，好像捕鱼人碰见鲨鱼撞网一样，太让人惊喜了。

就在这时，我突然问了一句："秘书，请问你的名字叫什么？"

还在狂喜之中的那哥们儿突然间被我打蒙了："我的名字？我叫胡秘书啊！"

"胡秘书现在就坐在我身边，你要不要跟他通话？"

"啊，你，你说什么，我怎么听不懂啊？"

"请你千万不要挂电话，我们已经报警了。警方正在锁定你的位置，但是需要我们保持三分钟以上的通话时长。"

"啊？你，你是不是搞错了？你可能打错了！"他"咔"的一声就把电话挂了。

大家发现没有，我和他的位置已经完全颠倒过来了。

这个时候，我的领导问："如何不让他再骚扰我们呢？"我说："我再给他打一个电话。"

领导说："可以，你小子就将功折罪吧。"

我当即给骗子打了个电话，于是最可笑的事情出现了，骗子竟然接通了，看起来还是不到黄河心不死啊。

我说："你给我个卡号啊，干吗那么着急挂电话？"

你猜他说什么："好的！不要着急，我马上把卡号发给你。"

我说："你这次千万要坚持三分钟哦，我们马上就能锁定你咯。"

"啊，你是不是搞错了？为什么要锁定我？"对方把电话"咔嚓"挂掉了。再打，就关机了。至少今天我们可以消停了，骗子不会主动骚扰我们了。

第 5 幕 · 这又是谁的电话?

我们收拾完行李,准备第二天返程,就在这时候,房间的电话又响了。我接起来一听,对方问我:"你好,能听出来我是谁吗?"

我说:"你好,你能听出来我是谁吗?"

对方那小骗子一听我贱兮兮的声音,立马把电话挂了。

我后来想,他们应该是一个和酒店勾结或者长期掌握酒店内部房间电话的犯罪团伙,应该是随机流水作业,每天向酒店里的房间打一遍电话。

他们在赌一个概率——因为每个房间的客人一般一两天都会换一拨,就有一拨新"韭菜"等着他们收割。他们没想到我们在酒店住了那么久。

那一次,我们算是有惊无险,吃了点儿小亏。

多年以后,我和王总聚会时聊起这个事情,他意味深长地给我透露了一个当年我们谁也不知道的细节:"胡秘书"只是着力邀请王总一个人去吃早点,其他人不能去。

"你想想,这中间可能有大动作啊,他把我一个人骗到荒郊野外,说不准就把我绑架了。"

听到这里,我冷汗都出来了。

"还好,我们一直都是集体行动,他们一看我们几个彪形大汉,感觉来硬的可能不好使,所以就骗我们一点儿小钱。"

智商税

知识点 · 骗子的套路和如何反套路

人类的上当总是这么猝不及防，其实骗子骗人是非常容易的。

一个正常人的反应，基本上都在骗子的预料之中，他会根据这些反应做出多种预案，一旦你做出某一种反应，他马上就会用相应的话术把你引向万劫不复的深渊。

所以我们要做的第一点，就是保持常识和清醒。对方如果问："你能听出来我是谁吗？"你不妨反问他一句："你能听出来我是谁吗？"

"啊，你不是大头吗？""对，请问你是哪位？"这个时候他如果含糊其辞，你基本就可以挂掉电话了。

这种案例，我们算是经历得比较早，过了三五年之后，这种骗术突然间在中国大地流行一时，直到今天依然还在出现。

这种骗术抓的是人类的虚荣心，而不是贪念。利用的就是你如果听不出来对方是谁，会觉得是没有给对方面子的心理。

面对这种骗术，我们最该做的是什么呢？就是把骗子的套路打乱。

后来，上当受骗的次数多了，我就有了经验，所以骗子骗我的时候，我一般都不按套路出牌。甚至，在和骗子的较量和博弈中，我经常能享受到一些乐趣。

比如有一天，我在河南遇到了一位算命的"大师"。

○ 3 ○

我和"大师"的故事

故事 1 · "大师"说我面相好

这一节，大头给大家分享几个亲身遇到的江湖"大师"的故事，带大家认识一个新坑——迷信骗局。

有一年，我去郑州新区办事，处理完事情，刚从客户单位的大门出来，就看见一个肥头大耳、身着杏黄色僧袍的"大师"，向我急速移动而来。

他走到我跟前，双手合十，微微向我一鞠躬说："施主请慢走！"

我心说，咋啦？碰上西天取经的唐三藏啦？

我说："大师，你有什么事情啊？"

他说："施主啊，我看你面相特好。"

说完，他把语气顿了顿。这个时候，他在等着我上钩，因为一般人的反应是："是吗？大师，你怎么看出来的？""真的吗？你不会看错吧？"

但是，我当时脸皮非常厚，笑嘻嘻地说："大师，我的面相非常好，这我知道啊，大家都夸我是大富大贵之相。你有什么事情吗？"

说出来这几句话之后，我看到"大师"如遭雷劈，面色苍白，像一个断了电的电脑立即要关机的样子。

智商税

很惭愧，可能我这个答案在他原来的"数据库"里面没有任何准备和预案，结果他就迅速"死机"了，人站在那儿，突然间张口结舌说不出话了。

"大师，如果你没有其他事情的话，我就先走一步，拜拜了您呐。"我就大摇大摆地走了。走出大约 50 米，我往回一看，"大师"依然像雕塑一样，立在那里。

我想，是不是伤他太重了？他心里一定默默地飘过一句话："我纵横江湖这么多年，从来没有见过如此厚颜无耻之人，比我们还不要脸，真是无敌了。"

那是我第一次击败"大师"。

故事 2 · 出家人不打诳语

还有一次，我在济南碰到了另一位"大师"。

这个"大师"经常在我公司附近出没，晃悠着搭讪各色人等，后来我怕他招摇撞骗，给附近的人带来损失，还带着派出所的警察去找过他，可惜没找到。

不料有一天，我外出办事，迎头就撞上了这位"大师"。

"大师"非常讲究礼貌，见到我立刻双手合十，微微一鞠躬。

济南"大师"的用词就比较时髦，不像郑州"大师"那样传统，说什么"施主"。他见到我后，用词是这样的："帅哥，请留步！我看你面相特别好。"

说实话，我对他后半句根本不感兴趣，就像上一个故事中说的，我早就知道自己面相好了，但是，我对他叫我帅哥这个事儿特别感兴趣。

我说："大师，你刚才说什么？能不能再说一遍？"

"大师"说："我看你面相特别好。"

"不不不，上一句，大师，上一句是什么？"

"大师"又仔细看了我两眼，突然间，双手合十正色说："出家人不打诳语，你让我看面相我便看，不让我看我就走，不要让我犯了戒条。"

哎，没想到看你不是个正经人，正经起来不是人啊，我让你夸我一句帅哥怎么了？至于为难成这个样子吗？

我说："大师啊，我问你上一句，你刚才叫我什么？"

"大师""哼"的一声转身走了。

所以大家看，我们这些"韭菜"和"镰刀"的较量，关键有几点，其中一点就是要守正出奇，一定要打乱"大师"们的套路，让他们猝不及防，让他们瞬间"死机"。

以上就是大头万千上当受骗中的沧海一粟，分享给大家，这样至少你们以后见到江湖"大师"，接到"猜猜我是谁"的电话时，都会有一些预案。

到这里，"大头历险记"的部分就结束了。接下来，我要给大家讲一讲历史上和当今社会中出现的一些骗局，让大家避免再掉进这些"坑"里。

智商税

第二章 投机鼻祖——『郁金香泡沫』

◦ 1 ◦

一朵让整个欧洲疯狂的小花

我先给大家讲一讲一朵小花的故事。

这朵小花是如此富有魔力，曾经有人愿意拿阿姆斯特丹运河旁的一栋豪宅来换，它让一个国家全民陷入狂热，让千百万人一夜暴富，也一夜赤贫。

这朵小花就是郁金香。

大家都知道，郁金香是荷兰的国花。郁金香的原产地是哪里？它是怎样漂洋过海到达荷兰的？到了荷兰之后，它又怎样掀起了一场惊天动地的波澜？

这个故事要从 1554 年开始讲起。

第 1 幕 · 这时候郁金香还是郁金香

1554 年，奥地利驻奥斯曼帝国大使在君士坦丁堡的宫廷花园里发现了一株他从未见过的植物，它开的花太漂亮了，艳丽得让人透不过

智商税

气来，完美得让人睁不开眼睛。

大使特别喜欢的那株花就是郁金香。他向园丁要了一块根茎用来栽培，后来就把郁金香带回了奥地利，送给了一位叫克卢修斯的朋友。

克卢修斯是知名植物学家，也是奥地利皇家花园的园丁。他看到远道而来的郁金香，十分重视。在他的悉心栽培下，郁金香第二年就在奥地利生根发芽开花了，大家特别喜欢这种花。

到此时，郁金香还是郁金香。

又过了几十年，克卢修斯被荷兰莱顿大学聘为植物园主管，从这个时候开始，郁金香和荷兰结下了不解之缘。

去荷兰上任的时候，克卢修斯带了几块郁金香鳞茎。第二年，郁金香就在这个新的国度第一次含苞待放。

当时的荷兰人都惊呆了，纷纷赞美道："世界上怎么会有这么漂亮的花朵？高贵，优雅，就像高脚杯一样。"荷兰的王公贵族纷纷登门拜访，希望克卢修斯能够给他们一株郁金香，或者是传授栽培郁金香的技术。

但是克卢修斯这个人比较轴，把拜访者全部拒之门外，甚至在面对一些王公贵族开出的巨额价码时说："我今天就让你明白，这个世界上不是有钱就能把事情办成的，我就是不教你，气死你。"

结果，这些王公贵族真的快被气死了。好，你想气死我，我也气死你！

于是，就有人办了一件差点儿气死克卢修斯的事。因为克卢修斯软硬不吃，就有人趁着月黑风高，跑到他的花园里偷走了几株郁金香。

克卢修斯发现后，勃然大怒，并且非常伤心，索性把郁金香送给了身边的几个朋友，从此再也没有碰过郁金香。所以你看，克卢修斯还是很特立独行的一个人，有个性，有原则，有立场。

就这样，在磕磕绊绊中，郁金香在荷兰生根发芽。

大家特别喜欢这种小花，社交圈的名媛在出席一些场合时，就喜欢在胸前别一只娇艳的郁金香。很快，它成为一种流行元素，走向了整个欧洲。

特别是在法国上流社会，郁金香更是成为一种新的时尚。出席某个晚会，或者朋友到你家里做客时，如果你有一株郁金香，那绝对是身份和地位的象征。

第2幕 · 开始被炒作的郁金香

这样一来，郁金香从小众的观赏植物慢慢变成一种流行的时尚符号，就像当年的《红楼梦》一样——"开谈不说《红楼梦》，读尽诗书也枉然。"

在你吃饭喝酒的时候，不带上一株郁金香，就算是再有钱、再高贵，都是白扯。只有郁金香才能把你金光闪闪的土豪气质表现出来。

这时出现了供需的极端矛盾，社会大众对郁金香的需求那么狂热，但郁金香的种植面积没有得到很大增长，它的生长周期也没有改变，完全满足不了需求。在供需失衡的情况下，郁金香的价格直线上升。

更夸张的是，当时法国上流社会嫁女时，有人给的嫁妆就只是一株在当时属于稀有品种的郁金香。大户人家嫁女，嫁妆只有一朵花，在我们看起来简直就是一个笑话，但是她的夫家却非常感谢，觉得岳父出手太大方了。

很快，民众对郁金香的喜爱超出了正常的范围，开始变得狂热、病态。恰恰就在这个时候，一种叫"马赛克"的病毒袭击了郁金香。这个病毒特别有意思，它是一种花叶病毒，被它感染的郁金香长满了

智商税

条纹，变得更加艳丽，看来大家都喜欢被马赛克遮住的东西。

后来，大家对郁金香的审美越来越变态，品种越稀有，花色越艳丽，价格就越贵。很快，郁金香就成为一种商业炒作题材。

大家都知道，一种商品一旦被炒作起来，它的价格和供求关系就会变得极端不正常。比如我们前些年的板蓝根，被炒了一阵子之后，价格变得很高，甚至有些人在新冠病毒到来的时候，冲泡的还是"非典"时期抢来的板蓝根。

郁金香的价格变得越来越贵，到了 1635 年时，一株郁金香甚至可以换来一辆上好的马车和几匹马，这种价格是有真实的社会经济支撑的——当时的荷兰经过几十年的战争，摆脱了西班牙的统治，成为世界上少数的强国之一，拥有当时最强大的船队和数量最多的商船队伍，号称"海上马车夫"。

荷兰首都阿姆斯特丹是当时的贸易和经济中心，在这个背景下，郁金香慢慢变成了硬通货，就像今天的房子一样。今天大家都认为，房子的价格永远不会下跌。那时候的人也是这么看郁金香的。

刚开始的时候，如果有人告诉你，赶快去买一盆郁金香，因为它很快就要升值了。你可能都不信，这个像洋葱一样的植物，有那么贵吗？它有什么价值呢？这从逻辑上完全讲不通，你就没搭理这个茬儿。

过了十天，你出门一看，郁金香果然涨价了。这个时候你就会觉得朋友说的还有点儿道理。但你的理智和逻辑告诉你，这个东西没有价值，它就是被炒作起来的。

又过了几天，你出门发现，郁金香的价格又涨了一倍，这个时候你就开始怀疑自己：我想的到底对不对啊？没过几天，郁金香的价格又涨了几倍。

这时候，所有的理性和逻辑都被击溃。你的第一反应是什么呢？

不行，我也要加入这个行列中来，我也要发这笔横财。结果你出门一看，郁金香的价格又涨了一倍。

这个时候，就是倾家荡产你也要买郁金香了，因为这个东西的价格一直在单边上涨。"郁金香泡沫"和我们今天的房地产比较相像，大众都很癫狂，都失去了判断和理智。

更要命的是，当时的荷兰在经济领域是比较先进的，他们发明了"期货"概念，成立了期货交易所，今年的郁金香不够，可以买明年的，其实就是买空卖空。后来发展到极致，郁金香已经从实物变成了概念，就算你买不起一株郁金香，你也可以买一朵花、一片叶子，不管钱多钱少，都可以拿来炒。

其结果就是举国若狂，无论王公贵族还是市井小民，不论是工匠、船夫还是随从、小伙计，甚至是扫烟囱的工人和旧衣店的老妇人，都加入了郁金香的投机行列中。

无论哪一个阶层，大家都把财产变成现金，投资这种植物。大家都相信郁金香热将永远持续下去，世界各地的有钱人都会向荷兰发出订单，不论价格涨到什么样的高度，都会有人买单，有人付账，欧洲的财富都将向荷兰海岸集中。在这种情况下，贫穷将在荷兰彻底消失。

那时什么叫豪门呢？根本不是你有多少钱，而是朋友到你家去，发现窗户上或者门上装饰着郁金香花瓣的贴片，这才是豪门。

郁金香后来变得非常金贵，贵到什么程度呢？别着急，我先给你讲一个故事。

海牙有一个鞋匠，他也被郁金香的泡沫所携裹，于是就在家里自己种植。但不知哪个环节出了问题，也许是感染了一种新病毒，其中一株郁金香阴差阳错变成了黑色。

智商税

当时培育出黑色的花朵特别难，但他种的郁金香真的长出了黑色的花。消息传出以后，大家争相参观。后来一个来自国外的大买家拜访他，说："你把这株花卖给我，多少钱？"鞋匠就是做鞋的，没见过大钱，狠了狠心说："1500 荷兰盾。"

他觉得这个开价已经很高了，因为当时荷兰人均年收入是 150 荷兰盾。换句话说，他把价格开到了荷兰人均年收入的 10 倍。结果这个买家都没有还价，就立刻把钱付给了他。

这个鞋匠小心翼翼地把这个宝贝给了买家。买家接过来之后，一下把花盆摔在地上，摔得粉碎，还用脚把这株黑色郁金香踩得稀烂。鞋匠惊呆了，猜测这个人是不是神经病。

买家微微一笑说："你这里只有一株黑色郁金香，我们也培育出了黑色郁金香。为了保证手里的郁金香是独一无二的，这次就算是 5000 荷兰盾或者 1 万荷兰盾我们都要买断，要保证这个品种的稀缺性。"

第 3 幕 · "永远的奥古斯都"成了下酒菜

更过分的是，有人培育出了更稀缺的品种，叫"永远的奥古斯都"。在 1623 年时，一株"永远的奥古斯都"的价格为 1000 荷兰盾，到 1636 年就涨到了 5500 荷兰盾。

这还不算完。1637 年，一位很有钱的船长花 6700 荷兰盾买了一株"永远的奥古斯都"，然后小心翼翼地带到船上，天天看这株摇钱树，高兴得不行。因为这个品种一天一个价，天天升值。

6700 荷兰盾是个什么概念？当时这笔钱足以买下阿姆斯特丹运河边的一栋豪宅，或者购买 27 吨奶酪！如果说房子还有居住功能的话，那么作为观赏植物的郁金香来说，这个价格的泡沫就太大了。

事出反常必有妖，根据哲学的观点来说，事物到达一个顶峰之后，可能就要走下坡路了。就在举国若狂、全世界都在认为郁金香的价格永不下跌的时候，一场惊天动地的灾难性崩溃开始了。

事情还要从刚才那位买了摇钱树的船长说起。他的船上有个水手，干活很卖力，做什么工作都很认真，让船长特别满意。后来船靠岸的时候，船长给了水手100荷兰盾，让他下船休息，喝酒访友，算是奖励。

水手很高兴，拿到老板的红包之后千恩万谢，临下船的时候鬼使神差地发现，船上还有这么一株漂亮的植物！看上去太像洋葱了，不妨让它给我佐餐吧。

就这样，水手把郁金香带下了船，找到一个小酒馆，点了几个大菜，然后告诉厨师，把他带的洋葱作为调料炒个菜。

厨师和饭店老板都惊呆了，天啊，这个人太土豪了！这哪里是洋葱，这是金闪闪的摇钱树啊！他们结结巴巴地跟水手说："你吃顿饭点几个菜，花了不到100荷兰盾，但这个佐餐价值6700荷兰盾啊！"

水手说："哪有你说得这么夸张，快去做菜。"

就在这时候，船长发现那株"永远的奥古斯都"不见了，于是疯狂地到处寻找。那个时候的6700荷兰盾，相当于现在的几百万美元啊。

后来，有人告诉他说，水手下船的时候带走了。

船长急匆匆地带着所有人去找。当他们找到水手的时候，他正在小酒馆里心满意足地吃着熏鲱鱼，就着郁金香，简直是快活似神仙。

船长都快气哭了，摇钱树被这小子活活地给炒了，再也听不到金币叮当的声响了。船长一气之下，起诉了水手。

但是到了法庭上，船长又哭了，因为法官不支持他的诉求。法官认为，水手这么穷，肯定赔不起，就干脆没有接他要求赔款的状子。

这个船长气不过，回去就把这个水手囚禁了，据说一关就是10年。

智商税

他们两个的恩怨先放在一边，这个事件的重要意义在于，水手在大庭广众之下竟然把一株"永远的奥古斯都"当作洋葱给吃了，这个场景给在场的人带来了巨大的心理冲击。

大家开始想，郁金香不就是个跟洋葱一样的植物吗？它有什么价值啊？它凭什么值这么多钱？所以，水手吃郁金香事件是一个巨大的分水岭，它给狂热的社会泼了一瓢透心凉的雪碧。

尾声 · "郁金香泡沫"的破裂

水手吃郁金香事件发生在那年的 2 月 1 日。市场情绪酝酿了 3 天之后，在 1637 年 2 月 4 日突然歇斯底里地爆发了，整个市场的郁金香价格出现暴跌，很多人开始疯狂抛售郁金香。

其实，在这一事件发生的第二天，很多高端大玩家就开始悄悄抛售郁金香了。直到 2 月 4 日，大多数散户才闻风而动，开始清仓。

结果大量的抛售一下子把市场给砸蒙了，仅仅用了 7 天时间，郁金香的价格下跌了 90%。这是不是很可怕！

这样的场景在日本东京的房地产泡沫中也出现过。一个毫无征兆的周一或者周二，楼市突然下跌，没有任何理由，就跟郁金香一样。

这种惊天动地的大崩溃悄无声息地到来，几乎在一夜之间，无论贵族还是平民，成千上万的人变成了身无分文的穷光蛋。

对于荷兰人来说，1637 年的 2 月是最黑暗的一个月，是值得永远铭记的。

有人说，鱼的记忆只有 7 秒钟，人类便经常以此嘲笑鱼类。其实在我看来，人类的记忆连 3 秒钟都不到。

因为"郁金香泡沫"之后，类似的危机事件还在不断上演，一直到今天。如果郁金香是一个妖精的话，那么每到一个时代，它都会幻化成一个充满诱惑的新事物。现在这个时代，它可能变成了比特币。

荀子曾经在《天论》里说过："循道而不贰，则天不能祸。"道，就是我们说的常识和逻辑。遵循常识和逻辑做事，老天想祸害你都祸害不了。要正道而行，不要想三想四的。

但大多数人做不到。大多数人在独处时是相对理智的，然而一旦处于集体疯狂的状态下，所有理智都会被摧毁。这个道理被历史反复验证过，"郁金香泡沫"就是这样。

这样的一朵小花让整个荷兰陷入空前的大萧条中，因为大家都没钱支付各种费用和债务，都在相互违约。

后来，荷兰只得从国家层面上处理这一问题，出台法律说："郁金香泡沫"是一场全民赌博，法院不会支持相关诉讼。一夜之间，整个荷兰的经济陷入崩溃和混乱之中。

有人讲，郁金香的教训足够深刻。这个说法高估了人类的理性。

"郁金香泡沫"事件之后不到 100 年，还是在荷兰，还是原来的味道、熟悉的配方，荷兰人再次陷入狂热之中，只不过这一次炒作的对象换成了洋水仙。

有人讲，历史总是惊人的相似，如果你看不懂今天，你就去看历史，因为历史已经发生过了；如果你看不懂历史，就请看今天，因为历史正在重演。

太阳底下无新事，我们今天见到的种种怪力乱神，种种荒诞的骗局，在历史上都曾经发生过，只不过我们从来不吸取教训而已。

有人开玩笑说，人类从历史当中吸取的最大教训就是，人类从来不吸取任何教训。

"郁金香泡沫"体现了两个经典的经济学理论：一个是博傻理论，一个是羊群效应。接下来，大头就好好讲讲这两个名词究竟是什么意思。

知识点 1 · 博傻理论

博傻理论是英国经济学家凯恩斯提出的。

他说，在资本市场，比如股票、期货中，大家都有一种单边买涨的心理，完全不管某种商品的真实价值就愿意花高价购买，因为他们相信未来会有一个大笨蛋接盘，把他们的商品买走。

博傻理论通俗来讲，就是一个大傻子理论。大家都相信，自己虽然很傻，但最后肯定会出现一个更大的大傻子来给自己当"接盘侠"。

博傻理论很有意思，我给各位举一个例子——P2P 金融诈骗。

P2P 金融诈骗一般都有一个特点，那就是平台前期做得特别好，利息也特别高，等到了一定程度，吸饱了无辜民众的血汗钱之后，就卷款跑路。

所以，就有人试图火中取栗。他明明知道有些 P2P 金融平台是骗钱的，但根据过去的经验，前三个月是平台树立口碑的时期，不会有问题，那他就只放三个月，然后迅速取回来，最后是哪个大傻子来接他的盘，那就管不着了。

但是，江湖套路都是用来被打破的。

2016 年，一家自称"恒金贷"的 P2P 金融平台在各个网贷论坛发帖，称将于 6 月 27 日开业，并举行连续三天的优惠活动。

很多人在博傻理论的指导下，都相信它就算跑路，也是在半年或者一年后了，因而都重金押注。没想到，这家平台骨骼清奇，堪称P2P界的一股清流。他们上午开盘，下午就跑路了。

还有一家叫作"鑫利源"的P2P金融平台更是嚣张，居然在官网首页发布"跑路公告"，称："老子就是来骗钱的，骗了你们又咋地？有本事你们来抓我啊……"

虽然大头说这些都是在缴智商税，但有时候还真不是你智商高就能免税的。大物理学家、学霸级科学家牛顿，也是博傻理论的受害者。

1720年，英国股票市场开始出现投机狂潮，大量公司上市，大家开始疯狂购买股票。大家都认为，刚发售的新股，总会涨三个月到半年的，到时我一卖就完事了。

就在这时，一个无名氏创办了一家莫须有的公司，从头到尾都没人知道这是一家什么样的公司，是谁创办的。

但在认购原始股的时候，有近千名投资者争先恐后地要"打新"，连保安都制止不了。现场十分混乱，场面一度失控，大家都疯狂了。

其实大家都不关心这家公司将来会创造什么样的价值，只是期待将来有个更大的傻子接盘就行了。

令人意外的是，牛顿也是这么认为的，他积极主动地参与了这场投机，并且最终成了最大的笨蛋接盘侠。他因此感叹："我能计算出天体运行，但实在算不出人心的疯狂！"

知识点 2 · 羊群效应

羊是非常喜欢听从领导意见的动物，只要头羊带着它们往前走，它们就跟着走，至于前面是山崖还是狼群，它们想都不想。只要头羊往前冲，它们就跟着冲。

在这个过程中，强壮的羊会踩死弱小的羊，我们一般称之为踩踏效应。后来股市里也出现过类似的现象，我们习惯性地将其称为羊群效应。我先讲一个段子，简单扼要地说明一下经济领域里的羊群效应是什么样子的。

一位石油大佬去天堂开会，他兴冲冲地跑进会议室，却发现座无虚席，早已经没了他的座位。于是他灵机一动，大喊一声："大家注意啦！听说有人在地狱发现了石油！"

此言一出，惊起千层浪，天堂里的石油大佬们都想赌一把，争先恐后地奔向地狱，生怕落后一步被别人抢走了利润。

天堂顿时空了下来。这位发布消息的石油大佬坐下之后，突然听到外面有一大群人在议论地狱的石油储量是多么丰富。这位大佬愣住了，莫非地狱真的发现了大量的石油？于是他也急匆匆地跑向地狱。

这个故事告诉我们：在一场投机游戏中，只要听说某个地方有利润可图，哪怕是地狱，也会有一群群傻子涌进去。他们不验证消息真假，不核算价值大小，就盲目跟风，最后总有人会一不小心成为游戏的最后接盘者。

这种情况在中国也很常见。日本大地震导致福岛核电站发生核泄漏事故后，中国一些地方出现了盲目抢购碘盐的情况。

你问他们为什么要抢盐？他们的理由很简单，说是日本地震、海啸、核电站爆炸，导致海水受污染，于是海盐被污染，不能吃了。根据供求关系来论，供应少了，商品就会涨价。

很快，大家开始疯狂买盐，不管家里有没有都去买，于是，羊群效应出现了。

只有一个老太太很淡定，微微一笑，看众生来来去去，丝毫没有出手的意思。邻居问她："你怎么不买盐啊？"老太太笑着说："我五年前买的板蓝根还没有喝完呢！"

"郁金香泡沫"是人类历史记载的第一场金融危机，这场泡沫带给我们许多启发和借鉴，每个人都不要当大傻子去博傻，也不要在羊群中被踩死。入市有风险，投资需谨慎。

在资本市场中，我们不要比谁赚得多，而要比谁活得长。每次金融泡沫过后，回头看都会觉得很荒诞离谱，但是真正身临其境时，每个人都是奋不顾身地往坑里跳。

《伊索寓言》中有一句警示世人的名言："有些人因为贪婪，想要得到更多的东西，却把现在所有的也失掉了。"

° 2 °

炒鞋也是一种智商税

听说，年轻人又迷上了一种新的投资品种——炒鞋。

有人就纳闷了，一双鞋有什么好炒的，不怕得脚气吗？可能是贫穷限制了你的想象力，你都不知道一双鞋到底能有多贵？下面，我就来跟大家讲讲什么是炒鞋，为什么说炒鞋也是一种智商税。

案例 · 炒鞋也疯狂

目前，全世界最贵的鞋是耐克的 Air Yeezy 2（Red October），大家猜猜这双鞋子多少钱？1万？100万？1000万？不不不！这都不够！这双鞋子以 1700 万美元的价格在网上成交，折合人民币大概就是一个多亿吧。

试问，各位谁有这个气魄，花一个多亿买双鞋？如果老天给你一次机会，让你在一个多亿人民币和一双鞋面前做选择，我相信绝大多数人会选择人民币。

唐代大诗人孟浩然有句名诗："人事有代谢，往来成古今。"我们一代人有一代人的追求，一代人有一代人的命运，一代人有一代人的大坑。

有人总结说，我们这四代人的命运和追求，大概就是 70 后炒股、80 后炒房、90 后炒币、00 后炒鞋。但是，绝大多数人都把自己的人生炒"煳"了。

炒鞋这个事情早已有之，比如说你在耐克官方旗舰店上班，或者你去逛这些运动品牌的官方店，自己花钱买一个新的限量款，过几天转手卖给发烧友，从中赚个三百五百的。这种情况很正常，有人说这叫以贩养藏。

但在以前，这种事成不了体系，也上不了规模，就是一个小众圈子里玩的东西。

现在不一样了，炒鞋已经变得像之前炒房那样狂热，许多年轻人投身其中，乐在其中，声称"炒鞋一时爽，一直炒鞋一直爽"。

说真的，各位，我百思不得其解。你说人上当受骗，被一些骗局迷惑是难免的，交点儿智商税也是可以理解的，但是，为什么会有人相信炒鞋这种事情？

最近，不断有这样的新闻爆出："20 岁的大学生，靠炒鞋月入 4 万，赚足了学费、生活费，实现经济独立。"

"小明的父亲给了他 100 万元，让他首付买房。他竟然把所有钱全都拿来炒鞋了，把老父亲气得原地爆炸，吐了三口鲜血，要断绝父子关系。然而一年过去，当初用100万买回来的鞋，转手卖出去，已变成500万，小明直接全款买房……老爷子又把那三口鲜血给收了回来，说：'小明，我们爷俩和好如初吧！'"

最后有人总结出一句话：男孩一面墙，堪比一套房。

看到这样的新闻，大家都激动得热血澎湃，好像发现了发财的新大陆。

不过我建议，你如果看到这样的新闻，首先要做的是警惕。因为如果某些人真的找到了发财的机会，那他们是不会在媒体上大喊大叫的，都是闷声发大财。

如果有人把发财的机会在媒体上大肆宣扬，往往意味着，这个机会已经到了尾声，那些人想让更多的傻子进来接盘。

更让人想象不到的是，2019年3月，一款标价1399元的"AJ 6樱花粉"球鞋采用了线上摇号的发售形式，竟然有30万人参与了摇号。

我的天，买鞋需要摇号，这个事情真的惊到我了。请原谅我头发短，见识也短。

有人说，买鞋堪比买房、打新股、申领北上广深车牌号，充满神圣的仪式感。

炒鞋已经从线下抢购蔓延至线上规模化交易，不少APP推出了行情图、买卖实时报价等信息。还有平台根据24小时交易额编制了炒鞋三大指数：AJ指数、耐克指数和阿迪达斯指数。

在这场疯狂的炒鞋盛宴中，全球首家可炒鞋的交易所——55交易所悄然上线，将区块链技术引入"潮流圈"，实现"币圈"与"潮流圈"的跨界融合，推出了"潮牌通证"。

这就相当于大傻子碰到二傻子，出现了一个三傻子。

智商税

这是全球首个实物资产通证。用户购买了潮牌通证，就算是购买了潮牌的一部分，可以通过交易通证获利，也可选择兑换实物。"潮流圈"开始了所谓资产证券化，"云炒鞋"诞生了。

针对这种行为我做了一首打油诗："双方不见鞋，但闻钱币响，光脚走夜路，拍死沙滩上。"太阳底下无新事，炒鞋就是一种崭新而典型的智商税。

我仿佛看到一场悲剧正在上演，无数年轻的"小韭菜"都伸直了脖子，喜滋滋地等待着"镰刀"的到来。他们还年轻，不知道"镰刀"的贪婪和粗暴，等他们被割完以后，就知道疼了。没办法，人类都是这样成长起来的。

知识点 1 · 炒鞋背后的商业逻辑

黑格尔说过："存在即合理。"那我们来探讨一下，00 后为什么爱炒鞋？背后的商业逻辑是什么？

逻辑 1：有真实需求

随着居民家庭可支配收入的增加，有个性、有态度的年轻人成为新的消费主体。有人说，现在的中国消费品市场，就是一帮 50 后、60 后的领导带着一帮 70 后、80 后的骨干，迎合 90 后、00 后这些"后浪"。因为这些人买东西讲究态度、腔调、品质，他们喜欢那些潮牌、潮品，并且愿意在潮牌、潮品上投入大量金钱。很多高中生、大学生不惜省吃俭用几个月，也要给自己的大脚丫子穿一双潮鞋，赢得同伴的羡慕嫉妒恨。

逻辑2：暴利刺激

马克思曾引用过这样一番话："一有适当的利润，资本就胆大起来。如果有10%的利润，它就保证到处被使用；有20%的利润，它就活跃起来；有50%的利润，它就铤而走险；有100%的利润，它就敢践踏一切人间法律；有300%的利润，它就敢犯任何罪行，甚至冒绞首的危险。"但马克思并没有说，如果有1000%、2000%的利润，世界会疯狂成什么样子。

如今看来，炒鞋的利润回报早就超越了"践踏一切人间法律"的标准，有的鞋子炒作的利润高达1200%，你让年轻人如何hold住？

逻辑3：饥饿营销

如果问鞋价飙升的"罪魁祸首"是谁，总是搞饥饿营销的品牌方绝对当仁不让。他们总是搞出一些神神道道的限量款、联名款之类的，人为地制造稀缺。

逻辑4：文化潮流

越来越多的年轻人喜欢通过穿着来展现自己有态度和立场，有独立精神，热爱那些融入了篮球、嘻哈、DJ、街舞、滑板等元素的潮牌，而球鞋可以说是他们潮流派头的点睛之笔。

逻辑5：明星效应

除了篮球巨星，球鞋的火爆离不开众多明星的"推波助澜"。比如，金·卡戴珊的现任老公"侃爷"（Kanye West）是美国一代饶舌天王，本身是说唱明星，老婆金·卡戴珊的一举一动更是时刻曝光在镁光灯下。

"侃爷"此前因为公司经营不善负债累累，在参与耐克和阿迪达

智商税

斯的设计后，卖鞋赚的钱比乔丹还多——仅在 2018 年，"侃爷"就通过炒鞋收入 10 亿多美元。

自从 2004 年乔丹的中国之行后，一种新模式被树立了起立，球星造势、明星代言、品牌联名，成为常规的营销套路，也越来越强烈地传达着一种信息: 越是联名款就越有个性，越是稀少的球鞋就越有价值。

国内明星也加入进来，精于时间管理的球鞋控罗志祥有超过 5000 双球鞋，这可能是出于多人运动的需要吧，据说几乎所有鞋迷渴求的 AJ、Yeezy 他都有；萧敬腾有各种各样的限量版球鞋，不过他有一个原则，只收藏 100 双限量球鞋，超过的就要送走或淘汰；还有林俊杰、周杰伦、陈奕迅、吴亦凡等大量明星都在公开场合"秀"过球鞋。

特别是吴亦凡。2019 年 8 月 19 日，微博上流出吴亦凡穿着 AJ 1 蜘蛛侠的照片，短短 1 个小时内，同款球鞋的价格涨了至少 5 倍。原本小众的球鞋文化在明星和网红的带动下，经过社交网络发酵，瞬间成为刷屏话题。

有投资者说: "8 月 19 日，记住这一天，球鞋起飞日。"从这时起，炒鞋开始进入大众视野。

逻辑 6: 媒体推波助澜

媒体的渲染和放大，让更多人加入到炒鞋的行列中来。到处是炒鞋暴富的消息，却没有炒鞋破产的案例。这让许多年轻人失去了警惕心，不惜以信用卡、花呗等手段加杠杆来炒鞋。

接下来，我们从逻辑和事实的角度看一看，为什么炒鞋这个事情是不靠谱的。

知识点 2 · 炒鞋为什么不靠谱?

大家先来想一下,那些专业的炒客和金融公司炒的是什么? 是房子、原油、大豆……这些商品有一个共同特点,那就是它们是市场需求真实的大宗商品,市场价格与本身的价值大体上是平衡的。人们会炒作这些东西,是因为它们有真实的需求,真实的市场:无数"刚需族"在盼着买一套属于自己的房子,无数的工厂需要原油、大豆这样的原材料。所以,这些东西是不怕卖不出手的,而且其价格的涨跌幅度不会过分偏离它们本身的价值,哪怕是遇到大跌,其作为商品本身的价值也还在那里,还有翻身的机会。

想想之前说的郁金香,看起来似乎跟大豆、玉米一样,都是农作物,但荷兰人根本不是把它当作大宗商品看待的,他们炒的是稀有品种,是"限量款"! 你看,是不是和炒鞋很像。炒鞋者炒的是商场里随处可买的一般球鞋(大宗商品)吗? 不是! 他们炒的是"限量款",比如某些限量款的球鞋全球只有 100 双,基础售价 900 美元,而普通量产款只卖 100 美元。那限量款比量产款多出来的 800 美元溢价是哪里来的呢?

你可能会说,这是"物以稀为贵",就跟艺术品拍卖一样,所以价格再高也不怕没人接手,最不济就是少赚点儿罢了。你会这么说,是因为你潜意识里认为那些被炒的球鞋是真的"稀"。但是,如果这个"稀"本身就不存在呢?

听到这里,你可能又开始疑惑了:"那些球鞋都是国际大品牌的,以人家的商业信誉,哪会在发售数量上做手脚? 他们不怕因小失大砸了自己的牌子啊?"

智商税

你之所以有这种疑惑，是因为对如今的球鞋生产环节不够了解。因为你永远不可能知道，官方发售量为 100 双的"限量款"，在市场上究竟有多少存货。当你拿着一双球鞋去官方专卖店鉴定时，你会发现这么一家随便哪个商场都有的运动品牌店会拒绝提供鉴定服务。为什么呢？因为和假货泛滥的奢侈品行业一样，球鞋品牌店的店员们也没有能力分辨鞋的真假。为什么会出现这种情况呢？

我们还是拿艺术品来解释。艺术品能做到"物以稀为贵"，是因为这东西很大程度上还保留着手工业生产的模式，一个老师傅带几个徒弟，敲敲打打花好大工夫才能做出来一件，而且造型上带着强烈的个人风格。

理论上说，只有当球鞋品牌商将设计、生产、包装、物流、销售全部拿来自己做时，才能保证市场上的存货量与宣称的发售量一致。但现实情况是什么呢？大工业、流水线，各大球鞋品牌只出设计方案，生产则交给代工厂完成。包括炒鞋者最爱的 AJ，也是委托生产的。这样的话，不可控的因素就多了。

中国的鞋厂给各个国家的大品牌做了几十年代工，我们国家早就是造鞋第一强国了，全世界都在穿"MADE IN CHINA（中国制造）"的鞋。在福建莆田、石狮，广东东莞，浙江宁波、嘉兴，江苏南通、昆山等等地方，大大小小各种水平的代工厂数不胜数。再加上造鞋真算不上什么高技术行业。以造苹果手机的富士康来说，国内主要还是以组装为主，芯片之类的核心部件是需要进口的，这样苹果公司就能用核心部件控制生产量。而球鞋生产所需要的所有原材料都是国内生产的，品牌商只提供标准，代工厂自己去联系配套厂商买原材料。以那些代工厂深耕造鞋业几十年的积累来说，什么原材料没见过，什么原材料弄不来。所以它们只要想造，什么"限量款"都造得出来。

因此，一家技术实力达标的鞋厂只要想做，完全可以按着做假奢侈品的套路，买来真鞋所用的材料，用真鞋逆向做出模具，然后生产出一模一样的球鞋。

况且，很多鞋厂本身就是各大品牌商的代工厂，手里有着造鞋所需的原始数据，谁知道它们到底生产了多少双鞋呢？

如果一款球鞋官方宣称发售 100 双，市面上却有着 500 双，它们的各种编号、材料、工艺都是一样的，那么谁能说得清这 500 双里哪些才是真正的"限量款"呢？所以，各大球鞋品牌店的态度就是拒绝鉴定。

或许你会说那些都是假鞋，但是没有人能证明它们是假的，不论从哪个角度讲，都没有办法证明。你说："大头，说好的信任呢？说好的契约精神呢？甲方给的图纸，鞋厂不能多生产啊！"对，你说的特别对。

但是呢，如果你生活在真实的世界里，你就会发现，好多中小代工厂是没有这种职业道德的。他们生产的鞋子超乎你的想象，价格不比真货低多少，而且大部分都保证通过各种 APP 的鉴定。你花了那么大价钱买的这个东西，说不准真是假的。

所以说，当球鞋的真假都无法鉴定的时候，一切炒作价值就崩塌了。如同古董这一行，当所有人都分不清某个东西的正品和赝品的时候，这个东西还会有人收藏吗？

如果说鞋贩子和品牌商是一手庄家，那么鞋厂就是二手庄家，你在这个生态链上是最末端也是最弱的一环。你想在炒鞋上挣钱，无异于火中取栗、虎口夺食。

有些时候，你是能搞到一些好处，但长久来看，风险实在是太高了。那些所谓"限量款"球鞋，只是没有引起代工厂的兴趣而已，只要有

智商税

市场需求，它们就有能力让"限量款"不再难买。

那品牌商的态度呢？它们根本不在乎多卖几百双鞋这点儿蝇头小利，因为品牌商都忙着出下一个新品。它们很清楚，"韭菜"割完一拨再割一拨，不会在一个款式上总是薅你的羊毛。它们薅着薅着就发现薅不动了，因为很多真假难辨的仿冒品出来了。

一个真假都没办法鉴定的商品，一个没有办法控制的市场，那么这个东西有什么可炒作的？

知识点 3 · 一场击鼓传花的游戏

当真假难辨的时候，你知道人们会怎么判断吗？告诉你，外界会依据拥有者的身价来判定。如果你没什么钱，穿一个真的出去，人们也会认为是假的；如果你很有钱，穿一个假的出去，人们也会认为是真的。

没有人会在见面时先互相趴下看球鞋的细节，他只能依据你的社会身份来判断这双球鞋是真的还是假的。当你挤公交车的时候，你身上的路易威登和乔丹限定版，不管是真的还是假的，都是假的。

钱和身份，才是童叟无欺的硬道理。马云会见地方政府领导的时候，自己吃着一根冰棍，那叫真潇洒，但如果你也强行如此表演，一定会被赶出来的。不要以为吃到了一样的冰棍，你就是马云了。

说完真假，我们再来说说炒鞋这件事情本身。一开始这只是一个小众圈子的事情，大家周转流通非常慢。但是后来，各路资本，各类明星，各种力量介入以后，炒鞋文化开始流行，特殊品牌的鞋子也逐渐成了年轻人心中的符号。

似乎只要穿上同一款鞋，就能同自己的偶像一样成功。

其实，这些年轻人恰恰落入了一种陷阱，就是消费主义陷阱。消费主义的典型特点就是鼓吹消费等于社会地位。绝大多数炒鞋者是不穿这些鞋的，甚至都没有真的拥有鞋。搞这个就是为了"割韭菜"，赚点儿钱。

很多真真假假的炒鞋暴富段子，其实都是为了吸引更多的人进来，然后高价卖鞋给他们，不过是个击鼓传花的游戏而已。

在这个过程中，不只是鞋贩子"割韭菜"，很多平台方自己也在"割韭菜"。这么一看，炒鞋圈其实和币圈是一样的，发币的割，交易所也割。反正"韭菜"不是自己的，自己不割，别人也会割。所以在别人眼里，你只是一根"韭菜"，仅此而已。再想其他的，都是自作多情。

讲到这里，我觉得已经说得足够清楚了。炒鞋就是一种智商税，就是一种骗局，就是一种击鼓传花的游戏。这个市场从供给到评估，再到交易，都充满了庄家"割韭菜"的气息。

如果你真的喜欢一双鞋，喜欢到花1万元也要买回来穿，那买也就买了，这个不是为了赚钱，就是消费。如果你是想着靠炒鞋赚钱，那我建议你还是洗洗睡吧。

没有想靠炒鞋暴富的人，庄家就活不了。庄家就是喜欢有这种想法的人，无知又无畏，这种人进去后会死得很快。

一个供给完全被一小撮人控制着的市场，有些人居然还认为这东西能赚钱，这个逻辑怎么来的？同样的情形到了股市和币圈，他们就开始破口大骂。到了鞋圈，大家就觉得，要走一波。

其实我知道，有人明白这里面有风险，只是认为刚开始风险不高，觉得自己是聪明人，觉得自己绝对不是最后一棒。但不一定啊，有可

智商税

能他真的就是最后一棒。

很多学生想靠炒鞋赚生活费。我想说算了吧，作为一个学生，老老实实把精力放在学业和实习上才是正经事。打算在泡沫市场大浪淘沙，最后的结果一定是"大江东去浪淘尽，千古智商成泡沫"，你就是那泡沫中的沧海一粟。

现在，炒鞋已经被媒体大肆报道，这就意味着庄家想高位出货，套现走人。这时赶着进场的人，不出意外全都是"接盘侠"。

过去20年，中国社会经历了四次大范围的"炒富"狂欢：2001年，温州炒房团高调进军楼市，带动了第一波炒房大军，起起落落；2007年，中国A股迎来最大牛市，掀起全民炒股潮，把中产阶级消灭了一大部分；2017年，比特币价格突破1万元，炒币运动风起云涌，中产阶级又被消灭了一大拨；2019年，球鞋交易市场火爆，炒鞋文化兴起。

炒房、炒股、炒币、炒鞋，这四者看似截然不同，实则是一脉相承的金钱零和博弈。你听到的版本永远是有人炒出了一夜暴富，实现了终极的财务自由。但真实的版本大多数都是，一夜失足而成千古恨。

说起来，00后还有大把时间，不要着急。炒鞋可能是他们这代人经历的第一个大坑，以后这样的坑还多着呢。因为我是从20世纪80年代看到现在的，感觉这样的骗局太多了，简直是一波还未平息，一波又来侵袭，真是太平洋里深深伤心。

接下来，大头就给大家做一个简要回顾，让大家看看在过去的几十年里，这样的骗局是不是一再上演。

○ 3 ○

旧瓶装新酒，炒作代代有

案例 1 · 你看那朵君子兰，长得像不像郁金香？

20 世纪 80 年代，君子兰突然火了，比现在的球鞋还火。毕竟现在的大爷大妈还没有炒老人鞋，君子兰可是老少通吃，上到九十九，下到刚会走，统统不放过。

君子兰是一种原产于南非的野花。20 世纪 30 年代，日本人将这种花送给溥仪，君子兰因此进入中国；40 年代中期，君子兰从长春等地逐渐向全国普及。

1982 年，不知道是谁出了个馊主意，长春提出发展"窗台经济"，号召市民养君子兰。几年后君子兰正式成为长春市花，然后开始了你非常熟悉的桥段，各种暴富神话满天飞，舆论先行，风越大，你的心就越荡，搞得心里痒痒的，不挠一下就活不了。

据说，一个商贩养的君子兰被一个外商看中，出价 1 万美元买走。

据说，一位香港商人要用一辆"世界公认的超豪华高级皇冠轿车"来换一盆名叫"凤冠"的君子兰，被君子兰的主人断然拒绝。以当时的物价来看，这辆皇冠轿车能折合 3 斤黄金，3 斤黄金连一盆花都换不了。

据说，一位老人养了几株珍贵品种，死活不让人看，但是某夜被人偷走，气得立马断气……

智商税

这样的故事，每天都在制造、传播、更新、发酵；每一个故事都有鼻子有眼，有名有姓，听上去似乎都是真的。如此下来，原本几元一盆的君子兰，价格扶摇直上，到几百元、几千元，甚至上万元。

与此同时，好逐热点的媒体也在推波助澜，连篇累牍地报道君子兰好，品格高雅，是花中君子，并且能够实现财富的保值和升值。接下来，大家非常熟悉的场景出现了——全民变得狂热，疯狂参与其中。

当时捧一盆君子兰，不用走完整条街，价格就能涨三次。那个时候，每个人的心不再是痒痒的了，而是爽爽的，他们感觉找到了一条通往人间天堂的捷径。

在这种气氛的推动下，君子兰"疯"了。

这一年，这株秀气小巧的花，成了神奇的带有魔力的植物，价格一涨再涨，倒手赚钱者大有人在，以致后来出现了 5 万元一盆的君子兰。很快，10 万元的也出现了，最终纪录攀升到 15 万元一盆，这是几乎所有长春人一辈子都没有看过的数字。当时普通人一个月工资就几十元，一盆花却卖 15 万元。

在这种暴利驱使之下，许多政府工作人员开始动用公款炒作君子兰，后来政府还专门发文件，三令五申严禁此等行为。这个时候，泡泡吹到了最大。但泡沫终归是泡沫，总有破裂的一天。

1985 年 6 月，经过 3 年的发酵，君子兰步入黑色的深渊。舆论开始反思，君子兰到底有什么价值？它不就是一盆花吗！人们开始恐慌性地抛售，君子兰的价格一落千丈，垃圾堆里随处可见卖不出去的君子兰。

直到 1990 年，长春君子兰交易才渐渐苏醒，但再也没有回到当年的盛景。后来，人们把君子兰炒作事件称为"东方郁金香事件"。

"郁金香泡沫"昭示了此后人类社会的一切投机活动，尤其是金融投机活动中的各种要素和环节：对财富的狂热追求，羊群效应，集体理性的完全丧失，泡沫的破裂和千百万人的倾家荡产，人生归零。

想必你也会觉得那个时代的人炒作君子兰太蠢了，但实际来看，现在的炒鞋也是一样。

案例 2 · 藏獒炒作也疯狂

而在 20 世纪末兴起的藏獒炒作更为疯狂。1999 年，一只小藏獒至少 2000 元，大的 8000 元。到了 2004 年，小藏獒价格涨至约 3 万元，品相一般的成年藏獒交易均价在 10 万元左右。人们对藏獒的追逐愈演愈烈，有些名人也加入了追逐的行列。

后来，因为资本介入，最贵的藏獒卖到几千万元一条，炒作者也开始对藏獒进行文化包装。坊间流传着藏獒是世界上最古老的犬种，曾有 3000 只藏獒组成军团跟随成吉思汗西征，一只藏獒可以战胜三头狼之类的说法。不过，从 2006 年开始，藏獒价格的泡沫开始破裂。

后来，还有类似的骗局，比如被炒得一地鸡毛的邮票，很多人甚至为此倾家荡产。

改革开放以来，民间各类另类炒作远不止君子兰、藏獒、邮票。在八九十年代，曾被炒作的还有电话磁卡、烟标（烟壳）、火花（火柴包装纸）、信封、纪念币等等。2000 年以后，大蒜、普洱茶、玉石、人参、三七、驴胶也曾被资本轮番炒作。到了 2019 年，00 后登上历史舞台，开始炒鞋。

本来以为这是个新鲜东西，其实是旧瓶装新酒，货色还是一样。从这个意义上来讲，我不能嘲笑 00 后炒鞋这个智商税行为，因为他们的表现至少比 20 世纪 80 年代那些炒作君子兰的前辈们要斯文和儒雅，

智商税

要全球化。但是那种骨子里的贪婪有增无减。

无论是炒鞋还是炒狗，抑或是炒玉，背后几乎都有相似的背景：正儿八经的行当赚不了钱，货币流动性泛滥，正规投资渠道没落，人心开始败坏和贪婪。

在这种市场情况下，妖孽标的物出来炒作，炒作本身的结局早已注定——那就是一地鸡毛，一声叹息，甚至一生归零成负数。

知识点 · 如何做才能不当"韭菜"？

太阳底下无新事。任何一场全民投入的资本游戏似乎都无法善终，从炒房一直到炒鞋，能全身而退者，都是占比极小的一部分人，大部分在后期加入的玩家最后都成了"韭菜"。

对于00后的年轻人，炒鞋是他们人生第一场资本游戏。面对同龄人的暴富，内心难免有各种各样贪恋的欲望，于是他们就加了杠杆，或者把学费也押了进去，但是结局一定是一样的。

而对于一场大众金融游戏，正如索罗斯所说："要获得财富，做法就是认清其假象，投入其中，然后在假象被公众认识之前退出游戏。"别人恐惧的时候你贪婪，别人贪婪的时候你恐惧。

我们普通人一旦加入炒鞋大军，最大的可能就是成为被收割的那根新鲜"韭菜"。一次又一次的历史教训你也看到了，那些想要一夜暴富、走人生捷径的人，最终其实都走了弯路。

人生的路要踏踏实实地走，做好自己岗位上的每一件事情，靠自己的勤奋和努力、技能和才智赚钱，才是我们唯一的捷径。

看似是捷径的，往往是人生最长的路，或最弯的路。

老话说"光脚的不怕穿鞋的"，现在其实应该修改为"光脚的真怕炒鞋的"。他们炒得穿鞋的都变成了光脚的，最后大家都一起光脚，扎得双脚流血。

　　人生的路走得更痛苦，更艰难。

智商税

中篇

·

救救父母

第三章　保健品骗局

引子 · 你爹已经不是你爹了

在我们成长的过程中，父母一直是我们的保护神，是我们生命中的大树，替我们遮风挡雨。大树森然，小树茁壮。

为什么现在要救救父母呢？因为我们父母这一代人遇到了新的风险。

群里的一位朋友向我倾诉了他的苦恼：父母购买了大量无用的保健品，耗费了大量金钱，而且还严重影响了家人的感情。

万万没想到，一石激起千层浪，群里其他人也纷纷跟着吐槽："我们家也是，我们家也是，我们家也是……"

各位，我不是结巴了，我的意思是很多人都这么给我留言。

他们说，随着父母年龄的增长，社交网络的日渐缩小，技术手段的快速进步，再加上他们手中多少有点儿养老钱，竟然慢慢变成了骗子们最喜欢"围猎"的目标，保健品、理财产品，甚至是房地产拍卖和过户……数不清的骗局及其变种都冲着家里的老人杀过来。

说真的，我没想到，家中有老人被骗经历的，比例是如此之高。

在这样的"围猎"之中，许多家庭都中招了：家里的老人不顾儿女阻拦，执意购买骗子们推荐的各种高价产品，有的时候手头没钱，不惜借钱也要买。

别看他们平时节衣缩食，非常节俭，在这个方面却挥金如土，毫不手软，好像花的不是自己的钱。并且谁也不能劝，一劝就急眼。

儿女们都感觉父母变了。小时候，父母在我们眼里简直就是神一样的存在。我们受到了任何伤害和欺骗，都是第一时间找父母倾诉，寻求父母的帮助。父母也会给予我们及时、有力的帮助。

在我们的心中，他们是那么聪明、睿智、通达。万万没有想到，到了现在，我们的父母竟然任人摆布，被人卖了不仅帮别人数钱，还帮别人四处吆喝。平时那么疼爱自己的父母，现在变得陌生而难以理解，甚至难以沟通。

父母也感觉儿女变了。小时候那么亲近，长大成人以后却慢慢变得疏远，十天半月见不到人影不说，给他们打个电话，说不了两句就给挂了，自己买点儿保健品，还横栏竖拦。说到底，买保健品哪是为了自己？还不是怕万一生了病，给儿女添麻烦吗？他们怎么就不理解呢？

于是，两代人开始有了矛盾，有了猜疑，有了争吵，都认为对方不可理喻。家本来是温暖的港湾，因为这些矛盾，家变成了战场，大家开始相互指责，摔桌子，打板凳。更有极端的人，干脆断绝父母子女关系。

最后，一家人的心都碎了。这个世界上，还有什么比最亲近的人相互伤害和仇视更让人伤心的呢？

为什么会出现这种情况？

一切都是因为骗子的出现。当你想找他们算账时，骗子们往往会如神一样远遁而去，留下一个个破碎的家庭。即使找到了，你对他们也无可奈何，甚至父母还会袒护外人。这些骗子只负责赚钱，榨干老人们最后一滴血，其他事情都不是他们考虑的。

中国有句古话："兄弟阋于墙，外御其侮。"这句话是什么意思？兄弟们虽然在家里争吵，但会一致抵御外人的欺侮。比喻内部虽有分歧，但能一致对外。

在咱们几千年来的传统文化中，很多情况都是帮亲不帮理，为了和亲人亲近，有些时候连原则和道理都不要了。

在古代的司法体系当中，曾经有亲亲相隐的逻辑和法条。那就是一家人中即使有人犯了法，亲人们也没有检举的义务，并且要替他隐瞒。如果你这样做，官府知道后，也不会治你的罪。

这说明，我们的传统文化特别注重捍卫家庭的亲情，特别注意家庭成员之间的情感维系，甚至不惜做出司法的让步和妥协。

但是在保健品和其他骗局上，出现了令人震惊和反常的事实，那就是在家人和外人发生矛盾的时候，父母坚定地站在了外人一边。亲情被放逐，子女成为这场保健品战争中的孤立者，是孤军奋战的一方。

这是非常不可思议的事情。小时候，你哪怕是走路跌倒了，父母都会心疼得不得了，赶快把你拉起来，给你揉半天，吹半天，有时候还会心疼得掉眼泪。

但是，为什么到了现在，父母不再心疼儿女？不再和他们站在同一立场去思考问题，甚至两代人反目成仇？

这还是要归结到万恶的骗子身上，是他们用种种骗局和套路，撕裂了人世间最美好的亲情。所以，咱们来谈谈几种常见的骗局和套路。

◦ 1 ◦

保健品骗局的套路

知识点 · 父母为什么爱买保健品？

保健品骗局是日常生活中最为常见的老年人上当受骗的类型。原因很简单，人年龄大了，身体机能自然会下降，这个时候，健康是老年人的刚性需求。

有人曾经开玩笑说，60 岁之前拿命换钱，60 岁之后拿钱换命。所以，在钱和命之间，对于年轻人来说，钱最重要；对于老年人来说，命最重要。这也是两代人沟通有障碍的地方。年轻人身体好，自然对健康没有那么深刻的认识。

大家对于同一问题的看法，立场不一样，角度不一样，结论自然就不一样。马未都说，年轻的时候，从来没有体会过怕死的心理感受，但是到了现在，年龄大了，突然之间变得特别怕死，想多活两年。

马先生是社会贤达，他的发言代表了老年人群体的心声。

其实，想多活几年，想有一个好的身体，这是人之常情。几千年来，大家都在延年益寿上下了大功夫。从秦始皇开始，中国人就在追求长生不老之药，一直到明清时期，这种风潮还在持续，只不过表现形式不太一样。

皇帝有钱，自己研发长生不老之药；百姓没钱，自己就琢磨延年益寿之道。尽管手段有区别，但目的是一致的。所以，保健是老年人

智商税

的刚性需求，这是历史和人性决定的，大家在这一点上要理解和支持我们的父母。他们不是变傻了，而是年龄大了，有了对健康长寿的刚性需求。这个需求，你不去满足他，就自然会有别人来满足。

这个刚性需求是所有问题的根源和土壤，离开这个根源和土壤谈论老年人防骗，都是不负责任的。

大头再说一下保健品这个行业的大概行情。保健品的生产和销售分三个环节。在生产环节，厂家一般还算正规的大型医药企业，天津、山东等地都是重要的保健品生产基地。下一个环节就是保健品公司，它们将保健品包装然后分销给代理商。最后的环节就是散落在全国各地、以各种形态存在的保健品一线销售团队。

一般保健品的出厂价在 130 元至 170 元，保健品公司卖给代理商的价格在 840 元至 1050 元，代理商卖给老人的价格从 3980 元至 7980 元不等。从出厂到老人手里，价格涨了 5000% 左右。

大家猜猜，中国有多少老年人买过保健品？我来告诉大家，有一半老年人买过保健品！中国保健协会的调查数据显示，目前我国每年的保健品销售额约 2000 亿元，其中老年人消费占 50% 以上；超过 65% 的老年人使用过保健品；在保健品获得渠道中，有近 66% 的老年人因公司推销、广告宣传而购买保健品。

保健品本身已经是暴利行业了，但还是有心术不正之徒发现，通过保健品挣钱还是太慢，不如上点儿手段诈骗，来钱更快。再加上，他们售卖的大都是合法生产的保健品，只不过销售的时候夸大其词，卖出了天价。

老人们服用这些保健品，不见得有多大作用，但是吃不死人。因为这个特点，这个领域几乎没有大的刑事案件，很多时候都是大事化小，小事化了。所以，这是一个巨大的灰色产业，鱼龙混杂，良莠不齐，泥沙俱下。

骗子作恶的成本很低，风险很低，但是收益很高，财富增值速度很快。武汉有个做保健品骗局的年轻人，一年就挣了上千万，引得许多心术不正的人趋之若鹜，最终是野火烧不尽，春风吹又生。

针对老年人的保健品骗局危害性非常大，波及面非常广，牵涉人数众多，已经成为我们不得不重视的社会公害问题。

我给大家分享两个身边的案例。

案例 1 · 散步遇到了"亲孙女"

张女士的公公是离休老干部，每月能领 9000 多元离休金，可以说老爷子晚年衣食无忧，再加上两个儿子都挺孝顺，按照咱们中国人的说法，就是命挺好。只可惜，头白鸳鸯失伴飞，他的老伴儿后来去世了。所以一年到头，他大部分时候都在小儿子家里住。

在谁家住，他的离休金就归谁使用。所以老大一般也不怎么管他，只是空闲了过来看看。应该说这兄弟俩素质都挺高，从来没有因为老爷子的离休金闹过别扭。但是有一天，这种平静被打破了。

原来，有一天老爷子在小区散步，认识了一个年轻的女孩子，这个家就开始有些别扭了。这个女孩子嘴甜得不得了，一见老爷子就爷爷、爷爷叫个不停，比亲爷爷还要亲。

老头儿没见过这个阵势，很快就被糖衣炮弹打倒，开始接受这个"亲孙女"的推荐，大包小包地往家里买各种保健品。刚开始，家里人也没有在意，毕竟老人家吃点儿保健品也没有什么坏处。但是，他们很快意识到了问题的严重性，因为老爷子开始积极参加他们的各种活动，离休金很快就不够花了，开始找儿子要钱。两个儿子很震惊啊，一个月 9000 多元都不够，这都买了啥啊？

这一看，他俩发现老爷子买回来的竟然啥东西都有，名字还稀奇古怪的，什么基因啊，螺旋 DNA 啊。后来，老人甚至还要买量子磁疗床垫，一问多少钱，1.68 万元！这个时候，儿子就和老人讲，他们都是骗子，不能再上当了。

老人却说："我就知道你们会这么说。我告诉你们，我的钱，我说了算。我都这么大岁数了，留钱干什么？都给你们？你们不让我买这个不让我买那个，不就是想把钱留给你们吗？我多活两年，不比什么都强？"

两个儿子面面相觑，感觉骗子真是厉害，提前就把他们的劝告之路给堵死了，这先手棋下得非常漂亮，让人想劝都无从下手。再后来，老头又要买一个玉石床，6 万多元。家里人彻底崩溃，终于闹翻了。

这是一个身边的案例，我再来讲一个。

案例 2 · 妈妈呀，为啥所有的坑你一个也不落？

我有一个好朋友，姓李，是个孝子，前两天来我办公室闲坐。他坐在沙发上，半天没有说话，愁容满面，最后幽幽地说了一句："人到中年不如狗啊，上有老下有小，中间有领导，没一个好伺候的。"

我问："咋啦？被媳妇给打出来了？"

他说："不是，是被老娘给打败了。"

几年前，他的老娘不知道从哪里认识一个做保健品的女人，从此，一家人的噩梦就开始了。

老太太有两个儿子，都挺孝顺，但就是线条太粗放，和老人沟通没有那么细腻。这女人一出现，就填补了家里没有女儿孝顺的空白——今天给老太太买箱水果，明天给老太太送个围裙；今天陪老太太逛个集市，明天陪老太太聊上半天。

在听老太太讲过去的故事时，她还一边听，一边哭，一边说："您啊，啥都好，就是这辈子过得太辛苦了。"

老太太一听也哭了，说："是啊，到老了也没个知冷知热的人。"这女人一听，哭得更厉害了。

老太太就纳闷了，说："我的艰难人生，你哭个啥劲儿？"她说："您可是不知道啊，我3岁就没了娘，这辈子最大的愿望就是能找个疼我的长辈，痛痛快快地叫一声娘啊。"

这下子，老太太像是挨了一发催泪核弹，哭得比这个女人还厉害，说："孩子啊，你要是不嫌弃，就把这里当成你的家吧。"

"妈，我的妈啊……"

这女人跪在老太太面前，泣不成声。这次哭是真心的，因为她太激动了，费那么多天的劲儿，今天终于有成果了。

从此，娘俩就过上了"母慈女孝"的幸福生活。大概3个月后，这女人骗光了老人30多万元的积蓄，消失在茫茫人海中……

然而，故事到这里并没有结束，老太太从来不相信干女儿骗了她，因为有人告诉她，干女儿不再来看她的原因是出了意外，人没有了。

因为这个事情，老太太又哭了一场。

令人非常意外的是，老太太的保健品之旅并没有到此终结，干女

智商税

儿给她打开了一个新世界。老人家第一次有了这样的想法：吃了这些保健品，用了这些保健品，真的可以向天再借五百年。

于是，老人家逢会必到，逢推销必购买。许多老人家是偶然上当，买个别商品。这个老人家不一样，她把国内最近五六年所有针对老年人的保健品骗局都深度体验了一遍，是资深用户，从没缺席任何一个浪潮。

我想，这个也可以申请吉尼斯世界纪录了。

你可能会问："大头，这个需要钱来支撑啊，她家里有矿吗？"

说得特别对，这是个特别费钱的"爱好"。她家里没矿，但是有儿子啊，再加上我这个朋友特别孝顺，总怕老人手头紧，每个月都定时给她钱。

刚开始，朋友并没有发现有什么不对，后来老娘主动以各种理由向他要钱，才引起了他的警觉。他回家一看，明白了是怎么回事。儿子们就劝老人家，以后不要再买这些乱七八糟的东西了。

老太太生气地说："什么叫乱七八糟，你没见我现在能背着一头猪一口气上七楼吗？这些神力都是保健品的功劳。我多年的便秘也治好了，只不过现在是经常拉稀了；我多年的高血压也好了，现在都低血压了；我多年的心脏病也……他们说未来可以给我换个心脏……"

很显然，双方谈得不愉快，于是他就干脆不给老人钱了，釜底抽薪。他认为这是治本之策，没钱不就消停了吗？他显然低估了对方的战斗力和智慧。老太太在别人的鼓动之下，开始借亲朋好友的钱买保健品。再后来，我这个哥们就打电话给亲朋好友，让他们都不要借给老太太钱。

你觉得这个事情是不是就到此结束了。事实上，你还是低估了骗子们的战斗力和战斗意志，他们要榨干老人身上的最后一滴血，不死不休。好不容易碰上一位这么配合的老人，还不开发到底？

说到这里，这个哥们把手机拿出来，给我看了他和妈妈的微信聊天记录。我一看大吃一惊，首先光内容有五六百字，我都不知道老太太怎么打上去的。

这段内容特别有意思，老太太说老爷子身体不好，她找到一个神器——量子纠缠基因磁疗鞋，穿上这个鞋之后，老爷子一抬腿能上七楼，比电梯都快。这双宇宙最神奇的鞋子不要 8888 元，也不要 6666 元，只要 1200 元……最后说，家里没有钱了，情况紧急，只能借了邻居张二傻 2000 元。张二傻的儿子张大明白明天要结婚，这个钱要还给人家。

然后，接下来前方高能啊，请各位小心！老太太说："我和你爸恳求你，能不能转 2000 元给我们？"末了，还有一句令人泪奔的话："我和你爸这样做，也是为了健健康康地活着。我们晚年最大的梦想就是，看到小宝结婚的那一天。"

小宝是朋友的儿子，这理由也是无敌了。

我问他给钱了吗？他往下一滑，我看到一条微信转账记录——2000 元。"他们都恳求我了，我能怎么办？"

我说："你没有看出来，这条信息不是老人写的吗？"

他说："看出来了，可又能怎么样？如果微信上不回应，我妈很快就会打电话向我要钱，最终结果还是一样的。"

刚开始，我一直笑嘻嘻的，感觉真是不可思议。到最后，看他心力交瘁，一副生无可恋的样子，我真的笑不出来了。人世间最宝贵的亲情，就这样被绑架和利用了，带给儿女的是沉重的、复杂的、非常撕裂的心理负担。

"现在我一看我妈给我打电话，就头皮发麻。她给我打电话，只有要钱这一个事情了！不要钱不打电话，一打电话就要钱，不给就借！"

　　　　　　　　　　　　　　　　智商税

他走的时候总结了这样一句。

说真的，这时候我心里已经非常难过了。

这些骗子真是太可恨、太可怕、太可恶了。虽未杀人，但已诛心，他们就是这样的凶手，杀死了许多看不见的美好情感和人生幸福。许多儿女都搞不清楚，原来那个好好的爹妈去哪里了？怎么会变成这个样子？

其实，人们在缴纳智商税方面是不分年龄大小，不分社会阶层的。年轻人自己跳的坑也足够多——股市、比特币、P2P金融、炒鞋、买彩票、炒作盲盒……花样比老年人都多。

所以，在这一点上，不必有太多道义上的指责。你不是他们，所以你理解不了他们的感受。下面我来为各位复盘一下父母们上当受骗的全过程。只有这样，我们才能知己知彼，百战不殆。

○ 2 ○

骗子是如何潜伏进你的生活的？

第 1 步 · "免费午餐"背后的账单

我们父母上当受骗的第一个阶段，就是天上掉馅饼——各种"免费午餐"。

在我看来，老年人在保健品领域上当受骗是不可避免的，除非有两种极端情况：一个是瘫痪在床，和外界隔绝；一个是不识字，完全听不懂他们的话语体系。除此之外，就是已经上当和即将要上当的，没有第三种情况。

你可能会说："不对，大头，还有一种情况——穷！没钱总可以不上当吧！"这个不属于极端情况，在上当受骗的人群中，没钱的也大有人在。

人家骗子也说了，穷不是理由，也不是借口，再穷能有拾荒的穷吗？即便是个拾荒的，被拉到会场听一听，回来也会买。这种情况也有真实的案例。

为什么说老年人在保健品领域上当受骗是不可避免的呢？因为骗子深刻观察了这个群体的特点，洞察了人性的弱点，他们祭出的第一个"法宝"就是天上掉馅饼，用各种"免费午餐"诱惑老人，如免费领礼品、免费体验产品、免费体检、免费旅游……总有一款能打动老人，总有一款适合老人。

除非老人不出门，生活在真空环境里，否则只要出门就会遇到他们，因为他们就是吃这碗饭的，他们会常去老人们聚集的场所。俗话说，不怕贼偷，就怕贼惦记。

吃不吃这第一关的"免费午餐"，是老人上不上当最关键的节点。如果这一关失守，上当受骗就是早晚的事情。下面我们来复盘一下骗子的手段。

骗子的第一步是"锁定特定人群"——通过免费发放各种礼品，留下老人们的电话，锁定潜在的客户目标。而这危险的一步，在老人眼中可能只是留个电话就能免费领礼品，何乐而不为？

智商税

你可能会想："留个假电话不就行了吗？"

你以为人家傻啊，人家都会当场拨通的，你是骗子，还是人家是骗子？人家都是专业的，早就把你那点儿小心思看清楚了。更何况发的免费礼品还不止一次，你总不能每次都留个假电话吧。小磨香油节能灯，大米鸡蛋血压仪，抗战怀表健步鞋……

每次都有新花样，不怕你不要，就怕你不来，骗子太知道老人喜欢什么了！

这个免费送礼策略在年轻人看来，简直是傻到不能再傻，太没有技术含量了。可是，在骗子所有的诈骗环节里面，这个环节是技术含量最高、最有讲究的。

我来给大家聊聊为什么。

第 2 步 · 等你，不，等傻子上钩

大家都收到过这样的短信——"恭喜你中了中央电视台《非常6+1》观众大奖"；"恭喜你中了中国福利彩票一等奖"；"恭喜你中了娃哈哈'再买一瓶'"……

短信末尾还煞有介事地告诉你领奖电话是多少，或者是访问哪个网站。总之，正常人一看就知道是非常低级的垃圾骗术，根本不会去搭理。

一般来说，这种短信会给人造成一种错觉，觉得骗子的智商简直是太低了。其实，你错了。这恰恰是骗子最高明的地方。

茫茫人海，究竟哪个人是傻子？骗子也发愁。他们这一行骗不了聪明人，只能骗傻子。可是大家都不会在额头上贴个标签，说自己是傻子。那找谁下手呢？

骗子发明了一个非常高级的游戏，我把这个游戏命名为"二傻子哥哥，你在哪里"。它的游戏规则就是，他们发出海量的这种正常人都不会信的垃圾信息，然后坐等傻子来上门。海量有多大？几亿条！骗子们也下血本了。

大家想一想，正常人接到这种信息一般怎么处理？都是看一眼就忽略了，根本不会上当。只有真正的二傻子才会相信自己被狗屎运砸中了脑袋。他们都不想想，自己都没有买过彩票，怎么可能中奖？家里都没有电视，怎么会中电视节目大奖？

但是，"二傻子"不是白叫的，他们是真的被猪油蒙了心，怀着侥幸心理拨打骗子留的联系电话或者访问他们留的网站，问问自己是不是真的中奖了。万一是真的呢？

在茫茫人海中找一个灵魂爱人不容易，找一个二傻子也不容易。这个工作其实是大海捞针，基本上是万里挑一。傻子的一生中也会有高光时刻，比如被骗子万里挑一选中时。

经过这个最关键的过程，游戏开始了。骗子们确定，他们要骗的就是这些和他们联系的人，其他没有回信息的人基本上没戏了。

所以，我来总结一句：骗子最强的不是他们的骗术，而是筛选傻子的能力。

说到这里，大家会突然明白，天下骗子是一家。他们在小区免费赠送礼品这个游戏，其实就是我刚才说的"二傻子哥哥，你在哪里"的翻版，或者说是线下版。

真正聪明的老人，碰上这种免费领礼品的活动都会绕道而行。一生的阅历告诉他们：无事献殷勤，非奸即盗。没有好事，也没有好人。这些年轻人和自己非亲非故，却要给自己量血压送礼品，明显不合逻辑。

骗子们看到这样的老人也是哈哈一笑，非常潇洒地不再纠缠他们。

智商税

因为他们明白，这样的老人如果纠缠过多，对他们来说可能是灾难。聪明的老人不是他们的目标客户，基本上不会掉进保健品骗局的坑。

你以为聪明的老人就不会上当了吗？不，还有更高级的骗子等着他们，这个我们留在后面说。

但是，并不是所有老人都这样理智，也有很多老人喜欢凑热闹，会凑上去看看这是干吗的。一看，哎呀，发鸡蛋的！哎呀，还有大米！哎呀，还有香油！想领这些物品无需别的条件，只要留下自己的电话。

每天可以过来领一个鸡蛋，一连七天都可以领取，集齐七个鸡蛋，就可以召唤……香油了。这个时候，许多老人已经不需扬鞭自奋蹄了，赶快排队，乖乖留下自己的联系电话，然后欢天喜地地领鸡蛋走了。

你记住，通过这个看似非常低级的方式，骗子们确定了他们的潜在目标客户——那些领鸡蛋的老头老太太们。苍蝇不叮无缝蛋，这些老人有贪念，喜欢占小便宜，意志力薄弱，是骗子理想的潜在诈骗目标。

就这样，在茫茫人海中，在那么大的小区里，骗子们通过这个简单低级的手段，很快知道了谁是二傻子哥哥，谁是他们下一步下手的目标。

从此以后，许多家庭的灾难开始了。那些领鸡蛋、大米的老人们，很快就要和骗子变成相亲相爱的一家人了。

第3步 · 留下的不是电话，是钱

老人们不是留了电话吗？接下来，骗子们就要登堂入室了！你可能会说："放心，我父母不会让他们登堂入室的。"不不不，你错了，老人是无法拒绝他们的。

他们会给你父母打电话说："爷爷，我们给您送一袋大米，挺沉的，您就不要过来了，我们给您送过去。"

请问这个时候，老人会不会让他们去家里呢？

"爷爷，我正好从你们小区路过，我从老家带了荔枝，给您送过去尝尝？"

"一骑红尘妃子笑，无人知是荔枝来。"老人们这个时候不会去想骗子们的老家得多远啊，他们紧接着就会欢天喜地地打开大门，兴高采烈地欢迎这些骗子们到家里来。

这一来，就男女有别了。如果骗子是个小伙子，他会立刻通下水道，倒垃圾，修灯泡——不管灯泡坏没坏，没坏也得给你搞坏……

如果骗子是个小姑娘，她会立刻收拾厨房，打扫客厅，陪老人聊天，揉腿捶背，洗衣做饭，刮胡净面，啊呀，比亲儿女还要亲上一万倍……

并且人家有纪律，这个时候不拿家里一针一线，不占老人一点儿便宜。随着时间的推移，老人越来越不好意思，和他们越来越亲近，越来越认可和接纳他们。

这个时候，他们就会提出来："爷爷，您不要老是在家憋着。老年人就怕一个人待着，这样容易脑萎缩。我们公司请了中国顶级的养生专家，您可以去学习一下如何养生。"

老人乐滋滋地就同意了。你可能觉得父母都是千年的狐狸，什么样的"聊斋"没见过，交的高速费比他们走过的路都多。

但你不知道的是，长江后浪推前浪，一浪更比一浪强，现在这个时代，前浪都在吹捧后浪。老人这一去，一条腿就迈进了深渊。

第4步 · 更高明的手段——会销

接下来，按照骗子的工作流程，就到了会销这个步骤。如果说第

智商税

一个步骤是选人，这一步就是把人彻底给弄迷糊，可以说是精神深度催眠。

什么叫会销？就是会议营销，骗子以聚会的名义把老年人聚在一起。一开始，负责骗你的小伙子或者小姑娘会给锁定的老人发一个高级别邀请函，很正式地邀请老人参加什么"全国名医巡回见面会""国家第三届节能降耗宣讲会""把吃出来的病吃回去专家会"。

总之，听起来就是高大上，充满正能量。你要知道，离退休老人太久没被正式邀请，忽然有人这么做，老人被尊重的感觉瞬间燃起，热情通常也很高。

而且，老人很容易高估自己的定力："去参加一个会，还送价值399元的金枪鱼油，划得来。让买东西，我不掏钱就行了。"

殊不知，一进会场，自己就很难控制局面了。

你可能会纳闷："骗子是不是傻？在家里骗这些老头老太太不就行吗？干吗还要租个那么大的场地？这难道不是增加成本吗？"你可小瞧骗子了，这里面可大有讲究。

周杰伦有句歌唱得好："在我地盘这儿你就得听我的。"骗子在老头老太太家里，那是老人家的地盘，骗子说了不算。他们必须得在自己的地盘上，全部节奏按照自己设计的来，结果才可控。

会销在本质上构建了一个封闭空间。你也许会问，封闭空间有什么用？哎呀，用处太大了。一个人在封闭空间里，会有许多心理和技术的变形操作。我来给大家剖析一下。

第5步 · 大名鼎鼎的囚徒困境

在博弈论当中，有一个大名鼎鼎的囚徒困境理论。大头先给大家讲一下什么叫囚徒困境。

警察抓住了两个嫌疑犯，分别关在不同的屋子里接受审讯。警察知道两人有罪，但缺乏足够的证据。警察告诉囚徒：如果两人都抵赖，都不承认，最后只能是把他们无罪释放；如果两人都坦白，各判6年；如果一个坦白而另一个抵赖，坦白的放出去，还要给一笔奖金，但是，咬着牙抵赖的要判10年。

这时候，两个囚徒的最优选择是都抵赖，都不承认，这样就可以被无罪释放。但是两人被关在不同的封闭空间里，信息不能互通，彼此无法建立攻守同盟。于是，每个囚徒都面临两种选择——坦白或抵赖。他们会做出什么选择？如果是你，你会做出什么选择？坦白还是抵赖？

大家来猜猜最后的结果是什么。两人都没选最优方案，而是选择了坦白，各自被判了6年。请问，为什么他们没有做出最优的选择？

因为在这个封闭的空间里，信息无法及时互通，他们无法了解和掌控同伙的想法和做法，不能保证同伙和自己保持一致。为了保险起见，他们还是选择了一个中间方案。在这场博弈中，警方和罪犯本来是势均力敌的，警方可以抓人，却没有证据。但是封闭空间成了警方最好的进攻武器。

听完这个小故事，你现在知道封闭空间的厉害了吧。在封闭空间里，所有外部信息都被隔绝了，只有骗子们的信息在满天飞。封闭空间本身就是骗子们最好的进攻武器。所以，一旦老人走进了骗子们精心布置的封闭空间，往往都会出问题。

我在这里要提醒一句，大家千万要提醒父母，尽可能不去参加类似的会销活动。因为在封闭空间里，每一个人都会陷入囚徒困境。

每一个在会场的老人，就像我们刚才谈到的囚徒一样，根本没有

智商税

能力和外界的儿女、朋友取得联系，信息无法及时互通。他们最后的选择一般都不是当初设想的最优选择——领了礼品直接走人，而是在不知不觉中买了保健品。

老人来到会销现场后，骗子的套路一般是这样的。

首先是宣布纪律：大家参加的是重要会议，手机都要关机。

他们一般会严肃地说："中央领导和省里领导开会，你啥时候见过不关机的？越是重要的会议，越是要有纪律性。咱们好不容易请的大专家，讲课的时候老是有电话铃声，不尊重人家专家，也显得咱们素质低。"

所以，老人们一般都会关掉手机，感觉自己参加了一场严肃规范的高级会议，非常有仪式感，内心里有了庄严神圣之类的感觉。

其次是宣布参加完本次会议，每个人都会获得一个价值999元的生态磁疗杯，但是中间电话铃声响起的、早退的，都没有领取资格。

这样一来，所有人就真的把手机给关了，并且不论请来的专家讲的如何离谱，都没有早退的，都老老实实地坐在那里，坚持到最后。

你看看骗子厉害不厉害，每一步都让人感觉合情合理，在不知不觉间就把老人们操控在股掌之中，让他们走进早就设好的圈套。所以说，"骗子是人类智商的检验师"这句话不是虚言。骗子是个古老的职业，他们也是历代薪火相传，早就把人性的弱点给研究透了。

好，现在手机关了，也没人早退了，骗子终于把大家驯服地关在了封闭空间里。接下来的事情，就是洗脑。骗子开始带领老人们做放松游戏，让他们感觉这好像是一个联欢会，一起拍拍手，一起跺跺脚，中间还会不时地送上礼品，那些听话的配合的，就可以得到礼品。

就这样，气氛开始热闹起来。老人们很会看门道，发现只要配合骗子们，就会有额外的好处，所以配合的老人越来越多。在这个过程中，骗子们还会带人帮老人拍肩捶腿，嘘寒问暖。整个会场其乐融融，好像洒遍人间都是爱的样子。

这个时候，伶牙俐齿的主持人开始上台煽情，讲这一代老人多不容易，经历了抗战、抗美援朝、改革开放，省吃俭用给儿女买房，就是一辈子都没舍得给自己花过钱，苦了一辈子……

老人们一听，这个人说的是人话，爱听，戒备心就渐渐消失了。

主持人接着说："现在老了，又赶上好时代，想吃啥有啥，为了自己的健康，为了减轻儿女的负担，就得舍得在健康方面投入，把身体养得好好的，就是对社会最大的贡献……"

老人一听，这个孩子真会说话啊，句句都在理，比家里的那个二小子强多了。慢慢地，老人们对主持人开始有了莫名的好感。

第6步 · 聪明人如何在群体中变傻

我给大家推荐一本书，书名叫《乌合之众》。这本书可以让大家意识到，一个聪明人是如何在群体中慢慢变傻的。

骗子是非常高明的，他们构建的封闭空间，是最容易形成乌合之众的环境。乌合之众不是贬低性的称呼，而是说人在群体中会慢慢失去自我，很容易形成群体认同，尽管有些认同是错误的。

比如在纳粹德国，一些普通德国人在那种群体之中，也慢慢地变得仇恨犹太人，哪怕他们有的人一开始还和犹太人是好朋友。但是，人是社会性群居动物，为了让群体接纳自己，有些时候，自己会屈从于群体的价值观和认知体系。

智商税

个人在群体中，往往会呈现以下三种状态。

状态 1：低智商

人因为有从众心理，所以觉得在群体里是很安全的，天塌下来有个高的顶着。"我们处里的老处长也在，他那么聪明的一个人，肯定不会上当受骗的。"

其实，老处长是这么想的："自从老子退休以后，就再也没有人把我当领导了。今天不错，有邀请函，还能坐在前排，大家遇到拿不准的，还拿眼瞅我。"

这个时候，因为从众心理，群体的判断力下降了。

中国古代有句很有名的诗，是后蜀皇帝孟昶的花蕊夫人写的："君王城上竖降旗，妾在深宫那得知？十四万人齐解甲，更无一个是男儿。"为什么会出现"齐解甲"这种情况？因为个体屈从了群体的意志，如果是几个人，他们肯定不会投降，可能会血战到底。

保健品骗局也是这个道理。一个正常人平时肯定不会听他们这一套，但是到了封闭空间内，人很容易出现思维休克，变得智商降低，做出错误的判断。

状态 2：高自信

会场中的老人们感觉自己正在做一件很伟大、很了不起的事情。会议里又是国医大师，又是基因测序，都是了不起的东西，很容易带给他们积极的心理暗示，感觉自己做的事情非常高大上，非常正确，非常光荣。

你看那些相信"民族资产解冻"的人，提起这个事情来，都是自豪得不得了。在这种情况下，人就不冷静了，很容易被鼓动。

状态3：情绪化

在大会上，人的情绪很容易被煽动，一首歌就搞得自己热血沸腾。会场先放一首《今天是个好日子》，再放一首《走进新时代》。有的骗子还在群里每天组织升国旗、唱国歌，让老人们感觉这是一个规范的组织，自己的青春时代又回来了。

我最后再举一个例子，大家就会彻底明白，为什么人在群体中会变得完全不一样。比如说，打群架这个事情，很多人都经历过，在一对一单挑时，你如果比对方强，就会考虑打坏他怎么办——进医院，进派出所，出医疗费，接受治安处罚等，所以到最后，一般都是打服气就行，点到为止，不会有致命性的攻击。

但如果你参与的是一场群殴，就完全不一样了，因为拳来脚往，谁也看不见谁，谁也不认识谁。那就打吧，摸到什么用什么，最后往往会打出人命。这种情况在过去村落和村落之间的宗族械斗中最为典型。上学时，本班兄弟和外班人踢球，因为某些冲撞打起来了，哪怕你本来不想动手，最后也不得不加入战斗，因为人家正在揍你的兄弟。

这就是说，人到了群体当中，很多行为和个人独处时相比，是不一样甚至是完全相反的。

所以你看，老人们慢慢失去了戒备心，开始喜欢上这样热闹的大派对。这个时候，请来的专家登场了，开始慢慢回归正题——卖保健品。

这种会销上的专家比农村集市卖耗子药的口才都好。大家都知道，农村卖耗子药的口才比一些电视台主持人好多了，能把黑的说成白的，死的说成活的，如同德云社的小剧场一样，让人听了还想听，就是不想走。

智商税

他们这些专家比那些卖耗子药的厉害多了，那些卖耗子药的基本上是横行乡里，但是这些专家是横行城市，所以，你现在知道这些专家的嘴上功夫有多厉害了吧。

专家上来通常都是自卖自夸，说自己是某个全球最有名的生物科技公司的工程师，他们开发的新产品正在大力推广期，而且产品马上要上美国的亚马逊，中国的京东、苏宁等大平台，所以需要各位叔叔阿姨们帮他们的产品做广告，好好宣传宣传。他们会免费提供产品让大家试用，只是为了向周围的人宣传，不是为了挣他们的钱……巴拉巴拉一大堆。

这样就逐渐渗透和瓦解了老人的判断力，让他们思维休克。为了让老人们快速进入思维休克的状态，他们一般会采取有奖问答的形式。专家先天上地下地把自己的产品夸大宣传一番，然后提一个简单得如同一加一等于几的问题，让老人们回答，回答正确的人就会立刻奖励一个小礼品。

比如问产品有什么功效，然后举手回答，挑一个答对的老年人送一条毛巾。专家还会在送礼品的时候问一些问题，比如："我们的产品是不是很好？是不是很值？我把手上这个产品送给你，你高兴吗？"

专家会提出简单的问题，然后挑回答积极的、声音比较大的老人奖励小礼品。这样一来，在场的老人为了得到小礼品，就会努力听演讲，回答的声音也很卖力，这就有了高效的洗脑效果。

专家还会经常让老人们做同一个动作，比如鼓掌、点头、喊"YES"等等。从心理学来讲，这些简单的重复性动作将会在短时间内改变行动者的认知。

老人们也意识到，自己来都来了，不能白来。他们发现只要配合主持人，就立刻会有好处，所以会有越来越多的人主动配合主持，欢呼，鼓掌，回答问题。

几个回合下来，台上的专家就完全掌控了局势，封闭空间加上不断重复，慢慢就造成了参与者判断力下降，为骗子下一步的行骗奠定了基础。

专家看火候差不多了，就开始步入正题——播放准备的视频，讲各种医疗和养生知识，给老人这是一部严肃的科普片的感觉。

"你们知道全国一年有多少癌症病人吗？"他在台上问。

"你们知道全国一年有多少中风病人吗？"他接着问。

"你们知道全国一年有多少心肌梗死病人吗？"他大声地问。

"你们知道全国一年有多少脑出血病人吗？"他更大声地问。

…………

每问一次，老人们都哆嗦一次，感觉这些病和自己的距离都不远，好像自己身边也都有这样的真实例子——老张不就是脑梗走了么，老李不就是瘫痪了么……

这其实是骗子们的一个流程——恐吓。通过营造恐惧心理，吓唬老年人。

"身体是革命的本钱啊！叔叔阿姨们，爷爷奶奶们，生死只隔一线天，意外和明天，不知道哪一个先来。你看那主持人李咏，在电视上多风光，身体不行了，啥都白搭……你们年龄大了，更是要爱惜自己的身体。如果哪一天瘫痪在床，自己受罪不说，还给儿女增加负担，您说是不是？"

老人们纷纷点头，认为他讲得对。其实，老人们中了他的假逻辑圈套。骗子都是讲几句真话，然后掺杂点儿私货，搞得老人们思维有些混乱，真假莫辨。

专家看火候差不多了，开始说："我这次来，公司给我 10 个免费名额，帮大家测癌症因子，需要的请到前台登记。没排上队的要收费，每人 2980 元……"

这叫什么？制造稀缺资源！本来是价值2980元的，现在不要钱了。现场气氛立刻躁动起来。老人们很慌很害怕，也很傻很天真，抢着涌向前台。惜命的老人就这样被攻陷了。基本上到了这个阶段，群体的思考力就快降到地面了，几乎没有人会质疑产品了，大家都在关心能不能免费得到或者低价得到。

但独角戏不好唱，骗子们一般还会找个托儿。这个托儿会是一些喜欢占小便宜的老年人。这个时候，骗子还不着急卖东西，他感觉这些老人们还没有彻底放弃思考，应该再给点儿推动力。他们的托儿就粉墨登场了。

"前年，我去医院体检的时候，查出来肝上长了一个肿瘤，医生说是恶性的。我当时万念俱灰，自己的儿子还没有成家，这个时候要死啊，真的不甘心啊。我就去各个医院看，一直没见好转。后来，我吃了他们公司的产品之后，再去查，肿瘤还在，没啥变化，但是指标开始变好。我后来又吃了大概半年，再去查的时候，说出来大家可能都不相信，肝上的那个肿瘤竟然不见了！"

然后会场的大屏幕上出现两张医院做检查的片子，好像是有图有真相的样子。但鬼知道这个片子是什么，天知道这个片子是谁的？

但是托儿的剧本就是：苍天啊，大地啊，竟然真的治好啦。"感谢这家公司，是他们给了我第二次生命！"说到这里，托儿都会深深地给专家鞠一躬。

专家立刻说："阿姨，这可不敢当，我们现在新出的型号比你用的那个还管用，不管什么癌症，只要是早期的，吃了之后，癌细胞统统杀光。我现场宣布，公司将以年薪50万聘请您作为我们的形象大使，把这样好的产品带到千家万户。"

托儿也赶紧给专家鞠一躬，说："感谢你们，要不然我们这个家就完了。当时我儿子知道我得了癌症，哭得牙齿都掉了。我要是没了，这孩子可就没娘了，没娘的孩子多可怜啊……"

这个时候，会场上响起了这样的催泪音乐："啊，这个人就是娘啊，这个人就是妈，这个人给了我生命，给我一个家……"托儿也配合地拿出手帕擦眼泪。

但是，专家发现依然还有不为所动的老人。于是，他就要开始下一个流程——上演"苦情戏"了。骗子的术语是"苦口"，堪称催泪核弹。

他会说："看到刚才这个康复的阿姨，我突然想起了我的妈妈。那一年，她也是肝上长了一个肿瘤，我陪她到处看病。只是太可惜，那个时候医疗水平太低，我陪着妈妈走遍了中国的好医院，也没有看好她的病。她最后不堪忍受病痛，自杀了……"

然后他开始大哭，边哭边说："我那时就发誓，长大了一定要研究出一种治疗癌症的药物。如今啊，妈，我总算是实现了当初对您的承诺……我现在想想，以前不懂事，还是有许多地方没有照顾好妈妈，好后悔。现在看到这个阿姨，我心里特别想念妈妈，特别想孝顺她老人家，只是树欲静而风不止，子欲养而亲不待。妈妈已经不在了，各位叔叔阿姨要是不嫌弃，请认下我这个儿子……"

然后，他咣当跪下，没人拉就不起来。就这样，台上骗子声泪俱下，台下老人们涕泪交流，人老多情，见不得这些。最后骗子现场认亲，找一个心肠最好的阿姨当干妈。

智商税

上述这些步骤完成之后，他们感觉这个群体的心理建设基本上完成了。大家哭得稀里哗啦，所有的戒备心都放下了，骗子就开始试探在场的老人对于付费的态度了。你看，骗子多专业，我们在批评老人的时候，根本不知道他们都经历了什么。这些善良的老人在他们面前，简直是没有任何抵抗力。

骗子导入付费环节的手段也很有意思，可以说是"假作真时真亦假"。他们如何试探老人对于付费的态度？通过 10 元钱基本上就可以测试出来。

一般情况下，那个"孝子"会从地上爬起来，沙哑着嗓子问："叔叔阿姨们，你看我讲了这么多，嗓子都哑了，你们愿意花 10 元钱请我喝水吗？愿意的举举手！"到这一步，是会有很多老人愿意给的，善良的老人们纷纷解囊，高举着 10 元钱，生怕骗子不收下。

骗子的同伙把钱收上来之后，你以为这就结束了？不不不，他们当然不会要这个钱，因为这是测试，还是刚才那个"二傻子哥哥，你在哪里"的游戏变种。他们在确定现场有多少有付费意愿的客户。

这个钱收上来之后，专家在台上磕一个头，说："谢谢各位支持我的爹妈。这只是一个测试，看看你们对于我的感情，现在请我的同事把钱还给你们。"

就这样，这些钱一分不少地还给了刚才那些人，然后他们每个人都得到了一个精美的礼物，价值远超 10 元。这就是给在场的人强烈的心理暗示和心理刺激：你们这些不愿意掏钱、不愿意大方的人是没有礼物的，更何况这只是一个游戏，又不是真要你们的钱，只有那些配合的人才会得到极大的好处。

应该说，骗子的这个骚操作引起了在场老人的躁动。有些人心里想，还以为骗子拿出镰刀开始"割韭菜"了，早知道这样，老子也给10元了。不用担心，骗子依然会给你机会，他逐渐提高门槛，从10元的喝水钱变成100元的吃饭钱。这个时候，给钱的人就多了，因为大家都知道，反正会退回来，还有礼物领。

事情的发展和这些老人想象的一样，钱没损失，还收到了更加精美的礼物。

最后，专家开始收取的价码到了500元。会场上依然手臂如林，大家都举着手给钱，因为大家都知道，接下来的礼品更加诱人。这个时候，他还是会挑出一位看上去情绪有感染力的人，说："阿姨，我把这个钱真的收下了，你心不心疼，你这个钱是不是真心给我的？你后悔不后悔？"

有了前几次的经验，这个阿姨说："不后悔，你要再多的钱我都给，像你这种有文化又孝顺的孩子现在不多见了，阿姨支持你的事业。"

现场的许多老人家都眼含着热泪，频频点头，父爱泛滥，母爱爆发——"这么有才的娃儿身世太可怜了，应该帮帮他。"

这个时候，专家会大大方方地把钱还给她，然后送她一个新手机。会场一片惊呼。专家紧接着说："大家觉得我这个人怎么样？"

下面一片说："好！"

"我说话算数吗？"

大家说："算！"

"好，既然大家如此信任我，那我今天得有点儿实际表示了。下面这个产品是我们公司最新的抗癌二代产品，是国际上最领先的，能治疗100多种癌症，同时还可以预防冠心病和高血压，根治糖尿病，有病治病，没病预防。原价要18888元，今天我们申请了100份，1888元就可以拿到。只要想要，只要需要，没带够钱的也可以拿走。

智商税

大家谁需要，举手！"

第7步 · 叮咚，智商税支付成功

这个时候，沉浸在游戏氛围里的老人们依然手臂如林。骗子的同伙迅速把钱收了上来，身上没带够钱的就先收一部分，约定再去家里收剩余的部分。然后出钱的每个人都领到了一份包装精美的保健品。

"这一次，我们不退钱了，为什么不退了？我就问大家，辛苦了一辈子，为自己花这点儿钱，你舍不舍得？"

台下一片呐喊："舍得！"

"我这个东西好不好？"

"好！"

"怎么办？"

"买！"

到这里，台上台下一片和谐欢腾。

专家最后说一句："大家放心吃，吃了没有效果的，我们就在这里给大家双倍退费。我们说到做到。大家相信吗？"

"相信！"

好了各位，一场完美的会销结束了，宾主尽欢。就算你是年轻人，你扛得住吗？很多人也是扛不住的。我看过中小企业主培训领域那些大咖的销售现场，比这个疯狂多了，许多人红着眼睛，拿着信用卡，几万几十万地不停刷刷刷，生怕被人抢走了名额。

道理是一样的，都是封闭空间里的思维休克造成的行为异常。

在这里，我要插一个小故事。一个专门做保健品骗局的高手，到一个县城指导公司同事的会销。可能是他们把场面搞得太热闹了，一个拾荒老太太哀求他们进去凑凑热闹，这个高手一心软就让她进去了。

老太太非常享受整场会销，一起哭一起笑，一起拍手一起跳，对讲师的话深信不疑，一定要买产品，但是没钱，说要回去凑，一定要这个人给她留一箱。大家都以为，这拾荒老太太开玩笑，谁也没有当回事。

没想到，第二天老人真的来了，掏出皱皱巴巴的零钱，整整2500元，说先买一箱。临走还往这哥们儿兜里塞了个鸡蛋，说这个鸡蛋她一直没舍得吃，年轻人要爱惜身体，按时吃早饭。

把老人送走后，这哥们儿剥开鸡蛋一闻是臭的，他愣住了，然后突然明白了那是老人舍不得吃的缘故，活活给放坏了。他最后把那个蛋完完整整吃下去了，表情十分复杂。过了几天，听说他辞职不干了，想必是良心发现了。

这个小故事只是一个群体的缩影，经历过高水平会销的老人，很快就会爱上这个大派对——那种火热的集体生活，那种催人泪下的会场气氛，那种各类高大上科技名词，那种对于死亡的恐惧，那种老伙伴现身说法的震撼……

这些深刻地改变了他们的生活。没有了这些，他们会感觉自己没有存在感，没有尊严感，没有支撑感，没有欢呼，没有掌声……

所以，很多老人后来迷上了会销，在那里，他们找到了失落已久的群体归属感；在那里，他们找回了做人的尊严；在那里，他们唤醒了对健康的追求。

实事求是地说，会销能够征服相当一部分文化水平较低和母爱情

智商税

感强大的老人家，但总有一些冷静的头脑不肯屈服，那些工程师、理工男什么的，就不吃这一套。

你以为骗子会知难而退，大错特错。面对这样的老人，他们有更加高级的策略。

有文化的老人最难征服，但是含金量最高。正是因为他们有文化，一旦相信了，也就会最疯狂。

我一直觉得，中国的骗子最善于动脑筋，花样百出，不论什么样的客户，他都有对应方案。对于这些有文化的老人，他们采取的方案是以文化征服文化，以科学战胜科学。

他们不惜花重金去美国一些生命科学研究所，真金白银地买最新的抗衰老产品，产品原理也不复杂，主要成分就是白藜芦醇，因为产品在科学上讲得通，所以这些有文化的知识分子就接受了。

这种产品的卖法就是采集老人的口腔黏膜细胞，寄到上海中科院生命科学研究所做基因检测，男性检测 17 项，女性检测 14 项。检测结果 3 天就出来了，这时，代理商会邀请老人过来领自己的检测结果。

老人万万想不到，报告是真的，但解读的人是假的。讲师会假扮成中科院教授，一对一地给老人解读他们的患病风险，什么肺癌患病率 40% 啦，糖尿病患病率 70% 啦。

其实，这种概率性的东西，往往如同科学算卦，可以随意发挥。但是，这让有文化的知识分子真的害怕了，因为那些患病风险看起来就是写在基因里的，无法辩驳。怕了怎么办？基因动力产品顶上，售价在 1 万至 1.5 万元。服用方法也很特别，吃饭前滴在舌苔下面，治病机理是作用于染色体端粒，促进染色体分裂，增强细胞活力，让女人变年轻漂亮，让男人恢复性功能……

这些有文化的老人都能在网上翻山越岭，这些产品涉及的知识都能在严肃的学术期刊上查阅到。因为科学，所以相信，这些老人的防线就此崩塌。

所以你看，只要是参加过会销的老人，不中招的可能性非常小。从高到低，从大到小，从强到弱，总有一款适合他们的产品。

没有骗不倒的老人，只有不努力的骗子。

保健品骗局从普通的补钙、补充维生素到保健玉石床、量子纠缠床垫、红外能量鞋、万能灵药黑膏药、基因测序、区块链应用、万年养老空气币等不一而足。可以说，在这个领域，我们是领先世界的，基本上是应有尽有，没有你想不到的，只有你用不到的。

有人戏言，我们这个社会，最能与时俱进和颠覆创新的就是骗子行业，特别是保健品行业，简直是"野火烧不尽，春风吹又生"。每一波新的技术浪潮，都会有保健品骗局"借尸还魂"。

保健品骗局无形无声地伤害了许多家庭，许多案例触目惊心。可以说保健品骗局已经成了社会的大毒瘤。骗子们成功地把家庭这个温暖的港湾变成了亲人反目的战场，自己则卷钱溜之大吉，留下一地鸡毛。

因为老年人上当受骗 50% 以上都集中在保健品领域，所以我在这个领域讲得比较多。

太阳底下无新事，说来说去，"镰刀"还是那些"镰刀"，"韭菜"还是那些"韭菜"，只不过是"镰刀"宝刀未老，"韭菜"推陈出新，所以这个游戏会一直持续下去。

第四章　经典骗局

○ 1 ○

理财骗局：你不理财，财不坑你

除了最常见的保健品骗局之外，针对我们父母这个年龄阶段的骗局还有以下几种，咱们慢慢拆开说。首先要说的是理财骗局。这个很好理解，老年人有两个刚性需求：一个是长命百岁，所以产生了保健品骗局；一个是经济自由，所以产生了理财骗局。

一般来说，针对老年人的理财骗局都是典型的 P2P 金融骗局和庞氏骗局，基本套路是一致的：先承诺高额的利息回报，然后定期返还，最后钱捞够了卷款跑路。

我先给大家讲一个真实的案例。

案例 · 你贪图别人的利息，别人看上你的本金

我所熟悉的一个朋友，他的家世非常好，父母都是国企的领导干部，自己也是公务员。前几年父母退休，一家人和和美美，待人接物也是非常得体。有一天，我们偶然见面，我看到他非常憔悴，坐下来

一聊，才知道他家摊上大事了，简直快没法过了。

他爸爸是部队转业干部，有一天，有个老战友来济南找他，说是过来出差，顺便看看老战友。战友见面，当然是特别高兴，两个人喝了一杯又一杯。喝完酒之后，他爸爸送战友回住的地方，发现对方竟然住在喜来登酒店。

两人意犹未尽，又到酒店的房间闲聊。说话的时候，他爸爸就和战友开玩笑："你小子这是发大财了，出个差都住喜来登。"

战友神神秘秘地说："不瞒你讲，这两年还真挣了点儿小钱。主要是自己在一个私募基金公司做投资，这两年效益不错，一年可以挣个几百万。"

这一说，他爸爸动了心，再问，战友不说了，只说投资有风险，最好不要做这个。第一次见面就聊到了这里。事后才知道，这是欲擒故纵，撩拨起你对财富的贪念，但是不满足你。

人以不贪为宝，贪念一起，万事皆休。

过了一阵子，这个战友又来济南了，大家又是一番亲热。酒酣耳热之际，这个战友说他们公司打算在济南设一个山东办事处，问他爸爸有没有兴趣。

他爸爸退休在家，正是郁闷的时候：原来上班当领导的时候，不论是打球还是打牌，都是单位第一名；自从退休以后，球技和牌技大退步，前三名都保不住了。他妈妈说："你的球技和牌技没有变化，只是退休了，人家那些人不用捧着你了，所以你被打出前三名了。你连这个都不明白？"

这些破事搞得他爸爸有些郁闷，加上更年期在家里烦躁，经常和家人干仗。如今遇到这样江湖出山的好机会，哪能放过？于是他爸爸一口应允，成为这家公司的山东办事处负责人。

出人意料的是，这个岗位的待遇还挺高，一个月 1.2 万元工资。就这样，他爸爸这个办事处主任喜滋滋地干了 3 个月，每月都定时收到公司发的工资。但是很奇怪，这家公司并不忙，没有太多业务，唯一的业务就是销售公司的理财产品。他爸爸也去总部看过，果然是一家大公司，在城市核心区最贵的写字楼里办公，人来人往。

他爸爸感叹，原来自己是大器晚成，以前在国企的时候工资都没这么高，现在加上退休金，一年 20 多万，滋润得很。心情大好的他经常给孩子们买这个买那个。

又过了一段时间，战友神神秘秘地跟他爸爸说，公司准备投一个项目，回报率极为可观，年化收益率应该可以在 30% 左右，相当于银行存款的好多倍，且按月返还分红。

他爸爸有些心动，但这个时候他还是有风险意识的，便在战友劝说下先投了 10 万元。没想到这个项目真的靠谱，一到时间，项目分红就直接转到银行卡上了。过了两个月，战友说公司又有一个新项目，和原来那个项目差不多，如果感兴趣可以再跟着追加。

这个时候，他爸爸内心的贪念就被搅动了，计算着如果当时投入的不是 10 万元，而是 100 万元，现在每个月的分红就有 2 万多元了，加上工资，一个月就是 4 万元左右的收入了。

事情到此，他爸爸的风险意识被全部抹平了，在他眼里，只有滚滚而来的金钱，没有悄然而至的风险。

就这样，他爸爸又投了 100 万元，这几乎是家里的所有积蓄了。结果，依然每月到时间就能收到分红，月收入真到了 4 万元左右。这个时候，他爸爸体会到钱生钱的魔力和威力，所以消费起来也比较大

智商税

手大脚。

这样一来，他爸爸周边的朋友同事都来问他是不是找到什么摇钱树了，日子过得这么风生水起。他爸爸倒是实话相告。大家都责备他爸爸，有这么好的发财门路，怎么不带着大家一起来玩？就这样，一传十，十传百，许多人就加入进来了。每家多了不说，百八十万都没有问题。他爸爸又陆续投入 300 多万元，除了掏空家里的全部积蓄，还借了一部分钱。

他爸爸当时很高兴，觉得借钱都合适。为啥？一般亲朋好友借钱，都是 10% 的年化利率，他爸爸光吃这个利息差就有 20% 的收益。就这样，自己手头的钱，加上借来的钱，他们家前前后后一共投进去 600 多万元。

可是好景不长，不到半年，这个公司的负责人就跑路了，战友也失联了。事后复盘来看，这个战友一开始就准备算计他爸爸，看中了他爸爸的人脉和职业背景，步步挖坑，最终成功了。

而这边，他爸爸那些昔日的朋友都反目成仇，天天去他们家里闹。有的家庭投进去三四百万元，基本上是血本无归。大年三十，这些人赖在他们家里不走，连年都没法过了。

到这时候，他们才知道什么叫人情似纸张张薄，在金钱面前，什么友情，什么面子，都统统不存在了，有的只是赤裸裸的丑陋和歇斯底里。后来他们报警，走上了司法维权的漫漫长路。

说到这里，他唉声叹气道："你看，我都快愁死了。"

我安慰了他一会儿，但也知道，这种烦恼会长时间伴着他。这是典型的理财骗局，有些高素质的老年人逃过了社区免费礼品的低级套路，但是没有逃过金融理财的高级套路。

大头想起了范伟的两句名言：一句是"防不胜防啊"，一句是"群众里面有坏人啊"。所以，人到老年，对于那些多年不联系却突然冒出来的老同学、老战友之类的，一定要多个心眼。江湖茫茫，谁知道这些年他们经历了什么样的人生？谁知道他的出现是偶遇还是精心设计的相见？

这样的理财骗局一抓一大把。2014年，湖北省襄阳市高新区公安分局破获了一起特大集资诈骗案，受害群体涉及上海、深圳、天津、武汉、襄阳等地的1000多名老人，诈骗金额总计过亿元。2015年，广州龙飞扬物流有限公司厦门分公司非法吸收公众存款，百名老人被骗2000多万元。

还是2015年，上海的黄老先生向深圳中侨生物科技公司投资31万元，对方承诺每年返还7万元利息。按照老人的打算，他可以拿这每年7万元的收益养老。不过这31万元并非黄老先生一人所有，其中有5万元是他从女儿那里借的。

2015年中旬，黄老先生女儿的公公病危急需用钱，她想到父亲那里还有自己的5万元钱，因此就来讨要。但当黄老先生向中侨生物科技公司要求取款时，对方却再三推诿。

最终，他眼看着自己的亲家公无钱治病，撒手人寰。女婿一家也将老人的死归罪于黄老先生，到头来父女决裂。

我再给大家讲一个类似的案例，但是结局不一样。

我有一个忘年交，姓李，就叫他李总吧。李总从部队转业，后来下海经商，生意做得比较顺利，家境比较富裕，一家人生活得非常幸福安宁。

智商税

后来有一天，有一个老战友路过济南，找他叙旧。不用说，战友相见，分外热情，两个人把酒言欢，最后菜过三巡，酒过五味，老战友说他现在正做着一个大项目——万里大造林，然后天花乱坠地描绘了一番。

因为是战友，所以心理上彼此不设防，李总就动了心，打算在这个项目上投点儿钱。但是，李总有一个优点——怕老婆。所以，投资什么项目，一般都要给老婆汇报一下。

他老婆确实是个明白人，听他说了这个事情，再看他兴趣盎然，不忍扫他的兴，就说怎么也得考察一下吧。于是，战友就组织他们去考察。到了一个大山旁边，战友指着郁郁葱葱的森林说："看到了吧，这都是我们的项目，今年就可以变现卖钱了。"

李总听得热血澎湃。回到家，老婆问了他一句话："他说那些树都是他们的，他会说话，树会说话吗？"

李总一听，顿时酒醒了一多半，后来就问战友要林地的产权证之类的文件，结果战友吭吭哧哧地拖延着不给，最后不了了之。再后来，他这个战友因为诈骗被判了刑，李总侥幸逃过一劫。

所以你看，娶个靠谱的老婆多么重要。

那些几十年不见的小学的老同学、初中的同桌、部队的战友，突然冒出来找你的时候，往往不是什么好事，不是让你帮他办事，就是骗你跳坑。

唉，说好的人与人之间的信任呢？所以，大家一定要增强防范意识，害人之心不可有，防人之心不可无。

知识点 · 如何判断投资风险——记住"6-8-10原则"

那么，面对种种理财骗局，如何判断投资风险呢？

"高收益意味着高风险，收益率超过6%的就要打问号，超过8%的就很危险，10%以上就要准备损失全部本金。"各位朋友只要牢记中国银行保险监督管理委员会主席、中国人民银行党委书记郭树清这句话，就可以逃过大部分风险和骗局。

这是我见过的最通俗、最深刻、最好懂、最专业的千金不易的财富管理经典论述。以后兄弟管你借钱，拍胸脯说利率给你算30%，你就可以大胆认为这是个"塑料兄弟"，他基本上没有打算还这笔钱。当然，不是说收益率低于10%的投资项目就全部是安全的，但至少可以逃过大部分骗局。

所以，各位老人家，也包括年轻人，一定要记住"6、8、10"这三个最关键的数字节点。你可以把它们理解为高压线，也可以当作防火墙，过了这个线就是生死未卜了，请自行判断风险。

如果你不是金融领域的专业人士，不要动不动地就去理财，也不要听信"你不理财、财不理你"之类的鬼话。你兜里有多少钱啊，还需要打理？实事求是地说，以大多数老百姓手里钱财的量级和规模，根本不需要怎么打理，不要像炒黄豆一样，翻来覆去地数自己的钱玩。没多少钱，放在靠谱的大银行里就可以了。

对于我们绝大多数普通老百姓来说，投资不是你要考虑的事情，看好兜里现有的钱才是你要考虑的事情。人犯错误吃大亏，往往都是从自信、自负开始的，觉得自己是理财高手，其实往往是占小便宜吃大亏。

智商税

还是那句话，你贪图的是别人的利息，别人看上的是你的本金。这是一场早就注定结局的游戏，就看你上钩不上钩。最好别上钩，一旦上钩，基本上就再无回头之日。

可以说，保健品骗局骗的是普罗大众，理财骗局一般针对的都是家境较好、经济实力比较强的老年人。理财骗局具有很强的隐蔽性，儿女很难发现，然而一旦发现，往往都是木已成舟，悔之晚矣。理财骗局很难预防，所以，大家只能是多和老人沟通，否则的话，只能是自求多福。

最近，从证大系的戴志康到团贷网的唐军，再到钱宝网的张小雷……无数血淋淋的案件都证明了一个最朴素的道理：人以不贪为宝，只要贪小便宜，迟早要吃大亏。大家不要干火中取栗的事，要勤劳致富。

要避免被理财骗局收智商税，关键就是守好第一关——不去理财。不要担心通货膨胀和货币贬值之类的事情，相对于被人骗走全部本金，那点儿损失几乎可以忽略不计。

最后大头要特别提醒一句，很多基金公司的业务员就在银行大厅办公，很多老年人误以为他们是银行的工作人员，兜售的是银行发行的基金。其实在大多数情况下，银行和基金公司是两码事，它们只是合作关系，一旦出了问题，银行翻脸的速度比翻书还快，他们一定是概不负责的。

◦ 2 ◦

电信诈骗：随机寻找不幸者

说完理财骗局，咱们再来唠一唠另一种骗局——电信诈骗。

现在的电信诈骗已经升级了，从原来的车祸诈骗逐渐升级成各种各样的内容，我有时都忍不住感叹："在中国各行各业中，最努力上进的可能就是骗子这个行业了，他们从来不满足于任何成功的经验和模式，总是以最开放的创新精神，以最专业的技术，开发无数你想象不到的新花样，来随机寻找芸芸众生中的不幸者。"

说起来，这真是一件荒诞的事情。有些人上当是因为贪心，但很多时候，老年人上当是因为信息不对称。在这个大数据的时代里，每个人都在裸奔，几乎没有任何隐私可言，你的购物记录、医疗记录甚至是聊天记录都是透明的，这些数据一直被卖来卖去，最后变成了骗子的"金矿"和"乐土"。

接下来，大头要跟大家讲一下针对老年人医疗补助的电信诈骗。正常人都想不到，世界上还会有这种诈骗，但是，它就出现了。

还是先给大家讲一个案例，以便更直观地剖析这种诈骗形式。

案例 · 对你了如指掌的陌生人

某一天，家住江西南昌的王阿姨收到一封北京某医疗补助公司发来的信函，拆开一看，里面是一份困难患者报销补助明细单，她的名字赫然在列，并注明可以拿到 7 万元的补助款。起初王阿姨并没有把这封信当回事，因为她根本没去北京看过病。没想到半个月之后，她突然接到一个电话——"王女士您好，我是北京红十字协会的工作人员，请问您需不需要办理医疗补助？这个补助是全国联保的，无需您出门，我们可以帮您代办。"

王阿姨说："一开始我也不太敢相信，但是看到他们发来的明细单，打电话的人知道我患有高血压，之前都去哪些医院治疗过，还跟我介绍了不少老年人护理常识，我就一下子信了。他们说我只需要向那家医疗公司交 1 万元的申请费，就能帮我把 7 万元取出来。不过我平时身体不好，经常生病，家里积蓄不多，一下子凑不出 1 万元。"

对方说："您可以先交 500 元，我们先帮您申请 5000 元的补助费，后续补助可以分批申请。"

王阿姨说："我想着要不先试一试吧，就给那家医疗公司汇了 500 元，可是说好的那 5000 元补助款却一直没有发下来。不过，他们给我寄来了不少泡脚的中药，说是对治疗高血压有奇效。我就试了试，觉得效果还可以。然后他们就又给我寄了几次，每次都要我交大概 1000 元的药费。来来回回，我差不多给了他们 1 万多元。我后来五次三番地催他们赶快把补助款发下来，要不然就退钱。"

对方说："这个补助款是需要卫生部门审核的，需要一定的办理时间，您少安毋躁。我们公司刚刚推出了一款体检服务，只要花 2000 元办张体检卡，5 年之内，您在南昌任何一家三甲医院做体检都不用再花钱了。"你看，骗子不但继续找借口拖着所谓"补助款"，还送来一个新坑。

王阿姨说："我觉得挺划算的，就交了 2000 元办卡费，可是再给他们打电话，却怎么也打不通了，体检卡也没有收到。我这才知道自己被骗了。"

你看完这个案例，有什么感想？是不是既觉得骗子实在太狡猾了，又奇怪为什么骗子会知道王阿姨的个人信息：姓名、住址、电话、病史、就医记录……真是太可怕了！接下来，大头就跟大家细说一下电信诈骗那些事。

知识点 · 原来我们都在网上"裸奔"

本质来讲，电信诈骗都是基于大数据的骗局，几乎防不胜防。

你可以想象一个熟人把你所有的信息都透露给一个算命先生。算命先生一见你，就说："哎呀，你屁股上有个胎记。"

你第一反应就是："真厉害，神算子再世啊。"

神算子摇摇头，说："你6岁的时候被狗咬过一回。"

这个时候，你都差点儿给他跪下了，心里大喊："大师，请受我一拜。"

神算子继续摇头说："哎呀，你高考的时候没考好，最后上的是蓝翔技校。"

这时你会想："谁说这个世上没有老神仙，我就跟谁急！"

这个时候，老神仙面色一沉说："不好，最近你有血光之灾！"

你会是什么反应？"大师，求您给我破解一下吧，让我拿多少钱都行！"

这本质上是一场信息时代的偷袭战和埋伏战，一方早有准备，一方懵懂无知，结局可想而知。所以，国家应该通过最严格的立法，保护好公民的隐私。

　　　　　　　　　　　　　智商税

除去这种医疗补助的骗局，比较典型的电信诈骗是冒充公检法工作人员骗取钱财。一般来说就是告诉你，你不幸卷入了一个洗钱的惊天大案当中，现在要追查你的责任，但是案件是保密的，你不能告诉任何人。

然后骗子会以各种名义，让你把钱转到他们提供的账户上去。这中间还有许多的角色扮演，有的人冒充公安干警，有的人冒充法院的法官，有的人冒充检察院的检察官……

一般的老人一看来电就吓坏了，上面显示的号码尾号是110。骗子还会故意引导老人，如果实在不相信，可以通过当地的114查号台查一下他们是不是公检法的。

结果老人一查，发现来电号码真是公检法的。于是，接下来就变成了一场碾压式的悲剧，老人家处处被人牵着鼻子走，最后毕生积蓄化为乌有。

针对这种情况，我有三点建议。

建议1：不做亏心事，不怕鬼敲门

有人说你卷入了一个惊天大案，你就告诉他："那你来抓我呀。"为什么这么说？因为公安机关有严格的办案程序，如果你真的犯了罪，警察肯定会悄悄地去抓你，生怕打草惊蛇，让你提前跑了，哪有工夫给你打电话？那岂不成了通风报信？

建议2：警惕110来电

即使真的是警察给你打电话，一般用的也是派出所座机或者自己的工作手机。只有在一种情况下，你会接到110的电话——你之前向110报过警或者报警中断，指挥中心向你核实案情、询问具体出警地点或者警察是否到达现场的反馈，真正的 110 不会问你的银行卡号，更不会让你转账。

建议 3：主动回拨问清楚

接到公检法号码的可疑来电，你可以按照来电号码主动拨回去，因为改号软件只能修改来电显示，你主动拨出的号码，还是会打到正确的地方。给你打电话的人是不是骗子，一问便知。

记住这三点建议，就基本上可以屏蔽此类诈骗了。

○ 3 ○

收藏品骗局：好事哪能轮到你？

好，就算你的父母是厉害角色，躲过了保健品骗局，躲过了理财骗局，躲过了电信诈骗，但是你要知道，"正入万山圈子里，一山放过一山拦"，拦在前面的还有收藏品骗局，有些老人就在这个山峰上栽了跟头。

案例 1 · 局中局，套中人

2018 年，中央电视台新闻频道发布过这样一则新闻：温州市苍南县的王先生遭遇收藏品骗局，警方了解情况后展开调查，发现案件环环相扣，涉及多个犯罪团伙。

智商税

大概是在 2016 年 5 月，王先生接到了一个来自北京的电话，对方以某回购公司员工的身份向他推荐了多种收藏品。由于是推销电话，同时又是异地呼叫，王先生最初是严词拒绝的。但是，在这位推销员的耐心忽悠下，王先生终于被对方说动心了。

　　推销员说："这些收藏品的升值空间很大，公司将来还要高价回购，一般人我不告诉他！"在这个过程中，推销员哪怕说得口干舌燥，也乐得心甘情愿，因为他们知道，电话那头的人只要被忽悠着买了第一件，就还会买第二件。

　　果不其然，王先生在购买了第一件收藏品之后，大概每隔 10 天就要再买别的产品，以至于这家回购公司一有新货就马上给他打电话。这样的事情显然瞒不过同行的眼睛，此后又有多家同类公司给王先生打电话，向他推销收藏品。

　　王先生也不傻，他买了一些收藏品之后就照来电号码原路打回去，问人家："我这些收藏品你们什么时候回收？有没有人出高价买？"接线员要么告诉他说："收藏品都是要时间久一点儿升值才高，现在卖太亏了。"要么就说："帮您做业务的那位这个月请假了 / 出差了 / 出车祸了 / 参加亲朋的红白喜事……"

　　王先生此刻已经被套住，因此别无他选，只好一直等下去。我想王先生是清楚自己的处境的，但是他碍于种种原因——或者怕家人担心，或者怕丢人，始终没有将实情告诉别人。

　　一直到 2017 年 8 月，王先生的儿子发现父亲家中堆满各式各样的收藏品之后，才意识到父亲可能被骗了。大致了解到事情的缘由之后，他劝说父亲报警。

　　最后查实，王先生购买的收藏品均属假冒伪劣产品，价值多数在三四十元之间。然而他却为了这些不值钱的"宝玉""瓷器""字画"

等等花了 90 多万元。

收藏品的水太深，一般人不要介入，没有几十年的功力，很容易掉到坑里去，遭遇连环骗。比如你被骗子忽悠着买了一个东西，为了知道这个东西的价值，你可能会去网上搜索相关的资料，结果又遇到一个坑，因为又到了鉴定收藏品这个环节。

人家骗子提供的是一条龙骗术，建的网站上面全是你这种产品的信息，价格高得不得了。这个时候你心里痒痒的，感觉捡了一个大便宜，想鉴定一下，于是给人家打电话一问，鉴定费 200 元。

你一合计，也不贵啊，于是就去了。还别说，你一下子就走了狗屎运，人家一鉴定，告诉你这个藏品是真的，还能给你找一个买家。你花了 1 万元买的东西，人家出价 100 万元，你动心不？

你要是一动心，那就完了。买主说决定花 100 万元买下，但是有个前提，你要给藏品做个复鉴，人家还指定了一个北京的某某鉴定机构，鉴定费 2 万元。你一想，这产品都鉴定过一遍了，应该是真的，去北京也不怕。

结果到了北京，找到了那个鉴定机构，交上钱，一鉴定是假的，人家买主不买了，2 万元也打了水漂。其实，从卖你的，到鉴定的，到买主，到第二次北京鉴定的机构，都是一个团伙的，人家只是分工不同，但忽悠的目标是相同的，就是你。

你看看这骗局漂亮不？其实，在收藏界，这样的骗局只是起步价，更高级的骗局多的是。

智商税

知识点 1 · 玩收藏玩的是心态，一想发财准出事

所以各位，如果你的父母对收藏有兴趣，我来给老人家一个好的建议，不花钱，还能品玩各种稀世珍宝，那就是你给父母办一张开往当地博物馆——最好是省级博物馆的公交月票。那里的藏品有两个特点：一个是都是真品，没有赝品；一个是不用花钱，不存在上当受骗的情况。如果平时有时间，也有这个条件，可以陪父母去国家博物馆看一看，那里的好东西更多，也都不用你花钱。

人不要贪心，对于古玩和文物，应该抱着过眼既是拥有的格局和心态，见到了就相当于拥有了，不要再想着往家里收藏了。

有朋友会问："哎呀，大头，你讲得那么逼真，是不是之前干过这一行？"这么问我很感动，不过实事求是地说，我还真没有干过。这可能是中国骗子界最大的损失，要不然咱们的老人家就又多了一个强劲的对手。

这个世界就是这样，正邪并立，有黑客，就有白帽子；有骗子，就有拆穿他们的人，阴阳相依，永世不消。只不过有些时候，要看是道高一尺魔高一丈，还是魔高一尺道高一丈，仅此而已。

关于古玩的做局非常有意思，咱们再讲一个这方面的故事，大家就知道玩收藏水有多深了，一般人不要想着从这上面发财。

下面再给大家讲一个"天仙局"的案例。

案例 2 · 骗术之王——"天仙局"

很多人不明白什么叫"天仙局"，其实就是说这个局设计得看上

去完美无缺，就是神仙也可能深陷其中，无法自拔，所以被称为"天仙局"。

"天仙局"是一个很可怕的骗术，因为这基本上就是组团来忽悠了。我们碰到的一些骗子，好多都是单个来忽悠你，那还是一对一的较量，而如果组团来忽悠你的话，你就很容易掉进骗子设定好的情景里面。

理论我们就不多讲了，来，上故事。

第1步：布网

康熙年间，北京城有个开古玩店的，老板姓张，叫张文泽，祖上就是经营古玩行业的。大家都知道，古玩行业是"一刀穷一刀富"的行业。这是什么概念呢？就是说，如果你捡到漏了，收到一个好东西，那么有可能一夜暴富。如果你看走眼了，被人打了眼之后，也有可能一夜赤贫。

这是一个在刀尖上行走的行业。

张文泽在这个行当里混得如鱼得水。仰赖天恩祖德、太平盛世，张家通过这个古玩店也赚到了不少钱，拥有了一定的财富，在祖辈家业的基础上又在隔壁买了一个大四合院。

这样一来，张家在北京城就有了两处相邻的四合院，格局和设计都差不多。本来，张家过着岁月静好的日子。但是呢，大家都知道，你所谓岁月静好，不过是还没有人打算骗你而已。

大家都知道，做生意没有不缺钱的。张文泽也深谙此道，要不然也不会把家业做那么大。他觉得这个四合院闲置着浪费，没有什么经济效益，于是决定租出去，就派人贴了告示。

没过几天就有人过来联系，说打算租下这处四合院。张文泽一看，

智商税

来人虽然是办事的管家，但是穿戴举止不凡，一看就是见过大世面的，心里就有了几分敬意，于是上前去探口风："敢问祖上仙居何处啊？"

来人回答说："我们祖上家在江南，江苏江宁。"

"敢问贵姓啊？"

"免贵，姓曹。"

江宁织造曹家，那可是江南的名门巨族。张文泽就小心翼翼地打探："敢问你们和江宁织造的曹家，这个曹大人，可是一家？"

来人听到张文泽这么一说，立刻正色说："这个事情呢，我们以后再说。对外不太方便说这个关系。"

张文泽这就明白了，人家这是高门大户，出来不愿张扬。他特别高兴，觉得好马配好鞍啊，自己的房子如果让曹家这种大户来住，那简直是蓬荜生辉。

于是张文泽就把手续、租金、契约这些事情处理了一下。过了几天，曹家的主人就正式登场了。这个房客一来，就到张文泽处拜访。张文泽一看来人，更添了几分敬意——此人气宇轩昂，一看就是世家子弟。

张文泽说："曹兄，怎么称呼啊？"

"在下曹孟德。"

张文泽说："孟德兄，非常荣幸能够有您这种房客，真是蓬荜生辉啊。"

曹孟德说："唉，别提了，我派下人在北京城找房子找了有一阵儿，一直没有一个看得过眼的宅子。幸好您这儿有这么一处宅子，确实非常好，曲水流觞，非常入眼，感谢您。"

两个人客套一阵，相互打探一下底细。原来曹孟德在北京主要做丝绸生意，京城几大丝绸店铺用的全是他家的货，租用张文泽的房子，就是为了处理这个生意。

后来张文泽一看，这个曹家的确是家大业大啊。因为这两个宅子挨着，自从曹孟德搬来以后，高车驷马、各路名流便络绎不绝，出入的都是富商巨贾，所谓"谈笑有鸿儒，往来无白丁"。

这一来二去，两家慢慢地就熟悉了，曹孟德有时候会到张府小酌几杯，然后两个人就开始经常聊天。张文泽说："孟德兄真是家财万贯啊。"

曹孟德说："唉，家财万贯都是外界的印象，我们不过是看上去家大业大，祖上恩德，传下来的也不过几十万两银子。"

张文泽一听，差点儿摔个跟头，说："您这还不算家大业大啊，我家的财产顶多算是您的一个零头，10万两都不够。"

两个人聊开了之后，有一次，曹孟德说："文泽兄，您是搞古玩的，帮我看一下我手上那个扳指怎么样？"

张文泽一看，这个扳指是最上等的羊脂玉做的，的确是豪门之家佩戴的饰品，便恭维说："您这个扳指特别好啊，跟京城的贝勒爷戴的差不多。"

曹孟德听完之后笑着说："他们戴的东西怎么能跟我的比呢？"张文泽一想，曹家在江南经营几世，花钱如流水，自然连京城里的贝勒爷也看不上眼。

后来有一天两个人喝酒，喝得酒酣耳热，曹孟德就打开了话匣子："其实我有一个传家宝，从来秘不示人。今儿喝得高兴，我拿出来给您瞅瞅。"张文泽是搞古玩的，一听说有新鲜的玩意儿，就很兴奋，说："不妨拿来瞅瞅，让我开开眼。"

曹孟德便神神秘秘地拿出一个东西。张文泽接过来一看，倒吸了一口凉气。这个东西的确比较稀罕，是一块玉，准确来说，是一块玉做的虎符。

智商税

什么叫虎符呢？在战国时期，君主和将帅调动部队，用的往往是虎形的兵符，但大都是青铜或者黄金铸成的，这种玉虎符非常少见。

张文泽仔细看了，这块玉是对的，色泽非常古朴，刀法也非常古朴，一看就是个有年头的好物件，就说："孟德兄啊，这确实是个宝贝。"

曹孟德说："既然您说不错，那就估个价吧。您看它值多少钱？"

张文泽说："这是个好物件，大概值一两万两银子。"

曹孟德说："嗨，也说不准。这个东西不瞒您讲，是我家传的，分家的时候给我的。老祖宗说是个好东西，但是我一直不知道值多少钱，也不知道这个东西是什么来历。这个东西就放在您店里，看看有没有人来买。只要有买家，就卖给他。"

张文泽问："卖多少钱呢？"

曹孟德回答："您就要 15 万两银子，反正我也没打算卖。"

张文泽说："这太贵重啊，放我们店里可使不得啊。"

曹孟德说："没事，丢了也不用您管，放您那儿就成。但是有一条，如果能卖出去的话，我给您两成的中介费，成交价的两成。"

张文泽一想，又不用本钱，便认为这事可以。

第二天，曹孟德就把这个玉虎符拿到了张文泽店里。张文泽千小心万小心地把这个宝贝放在了最安全的位置，不过一直无人问津。张文泽就坚定了自己的判断，这是个好东西，但是的确不值这么多钱。

后来有一两个人问这个东西多少钱，张文泽回答说"15 万两银子"。人家说："太贵了，我估价啊，这个东西大概最多就值 5 万两银子，除非它就是传说中那个玉虎符，要不然值不了这么多钱，但是那只是个传说啊。"

张文泽再问，人家就不说了，转身走了。张文泽意识到这可能是个好物件，于是就小心翼翼地收了起来。

第2步：进一步布网

有一天，店里来了个穿着打扮非常入时体面的人。他东遛遛，西转转，点评了一阵子。经过交流，张文泽发现这个人是个大行家，把每件东西都点评得入骨，基本没有走眼的时候。他最后说："老板，您这些东西我都看过，这儿还有没有值钱的物件，给我开开眼。"

张文泽想了想说："哎，还真有，我给您拿出来看看。"

张文泽就把那个玉虎符拿了出来。这个人一看到玉虎符，眼神都直了，说："老板，您这个东西可靠吗？"

张文泽回答说："可靠，大家子的东西。"

来者就问："您这个多少钱。"

张文泽一看买卖来了，生意劲儿就上来了，说："这个东西要18万两银子。"

古董这一行，就是这样漫天要价，坐地还钱。来者说："我今天是来闲逛的，我买不起。东西呢，您先放在这里，我让我家公子来看一下。"

大概过了一个时辰，这个人带来一个翩翩贵公子，白衣雪衫，一看就是大家公子。贵公子看了这个东西以后，半天没有说话。

张文泽心里很忐忑，觉得贵公子可能看出东西不值那么多钱了，他的手下都这么厉害，本人想来对这一行更是精通，看来这个事儿要黄了。

后来，贵公子突然说："这个多少钱能卖？给让点儿价！"

张文泽回答说："18万两，少一两都不行。"

贵公子说："这个东西呢，撞上了就算是个缘分。但是肯定不值18万两，10万两吧？"

智商税

"10万两肯定不行。"两个人讨价还价，最终以16万两银子成交。

贵公子说："我们这次出门比较匆忙，身上就带了5万两的银票。这样，我们先交个定金，明天上午来取，但是你得给我写一个收据。咱们按照古玩行的规矩，悔一罚十。如果明天你反悔了，就赔我50万两；如果我反悔了，定金就不要了。"张文泽一听，合理，买卖行当就是这样。

办完这些手续之后，他就问贵公子："公子贵姓啊？"

"姓赵。"

"这个东西呢，我们现在已经谈好价格了，是吧？您来给我讲讲，这东西是什么来历？"

贵公子说："这个东西有讲究啊，要从战国四公子谈起。您知道战国四公子都是谁吗？"

张文泽说："我知道啊。赵国平原君，楚国春申君，魏国信陵君，齐国孟尝君。"

贵公子说："对，这个东西和魏国信陵君有关系。当年，秦昭王攻打赵国，直逼邯郸。赵国朝不保夕，赵王有个弟弟叫平原君，他的夫人是魏国信陵君的姐姐。眼看就要破城，他就向信陵君求救。信陵君向当时的君王大哥求救，因为他俩是同父异母的兄弟，所以魏王也很痛快，很快发兵。

"10万大军刚刚走到魏国边界，准备救援，秦昭王就捎信儿说：'如果我今天攻打赵国，你们敢施以援手，等结束战斗以后，我就第一个打你们。'魏王听了以后非常害怕，就命令他的部下停止前进，暂且观望。

"后来，平原君就谴责信陵君说：'你看，你号称门客三千，这个时候家人有难，你都不救。'信陵君听了很惭愧，就通过他的嫂子如姬夫人盗取了大哥的兵符，就是虎符，然后带着一帮人就到了魏国大将晋鄙的军中大帐。在古代，见符如见君主，调动军队必须要有这种虎符。

"晋鄙是个老将，他一看这个信陵君单枪匹马来调军队，有点儿蹊跷，就起了疑心，后来被信陵君的手下朱亥用大锤打死了。

"信陵君对军队下了三条法令——父母双亡者出列，家中独子出列，家有残疾子女者出列。这些人都立刻回家，剩下的人都去攻打秦兵，解救赵国。

"哀兵必胜，后来这个战斗取得了胜利。但是，信陵君也知道自己犯了大错，盗用君主的虎符，所以他就没敢回去，让魏将带领部队回国，自己去了赵国。

"当时如姬夫人盗虎符的时候，用了自己的一块胭脂玉虎符偷天换日。等魏国军队带着虎符回到魏国后，真虎符归位，但这个胭脂玉虎符却自此下落不明，成为一个千古疑案。"

张文泽一听，"我的天哪，真是开了眼了。"他再细看过去，这个玉虎符下壁确实有抹隐约的胭脂红，原来真的是古代神物。

贵公子说："好吧，今天就不打扰了，我们先回，明天来取东西。"

这个时候，张文泽心里乐开了花，管它什么玉虎符金虎符，这无本买卖竟然发了大财，定金就收了5万两，这客户肯定跑不了。

当天晚上，张文泽高高兴兴地喝了一点儿小酒，微醺中沉沉睡去。

第3步：收网

可是到了夜里子时，张文泽家的大门被咣咣砸响了。

张文泽迷迷糊糊起来开门一问："找谁呀？"

来人回答说："我们找曹孟德。"

智商税

"曹孟德住在隔壁，出什么事情了，大晚上的这么急？"

"哎，别提了，家里出了大事，老祖宗得急症去世。曹爷是大哥，必须深夜返家，处理后事。"

"哦，他在隔壁，你们去找他吧。"果然，很快就听到这一帮人在隔壁砸门。几分钟之后，隔壁响起一片哭声。张文泽心里还挺难过，你看人家老太太去世了，这深更半夜的怎么回家啊。

大概过了半个时辰，曹孟德过来找他，红肿着眼睛说："张兄，家里老祖宗过世了，我得回去守孝，一时半会儿回不来，这个虎符我带走，不卖了。"

张文泽一听，头立刻大了。这下麻烦了，如果他把虎符带走，自己就面临着50万两银子的赔偿，砸锅卖铁也赔不起啊，便说："孟德兄，这个东西今天有人买了，人家明天来取货，这虎符恐怕是带不走了。"

曹孟德有些意外，说："这样也好，咱们就按照约定的比例，您留两成，其他的我带走。"

张文泽有些着急，说："买家只是付了定金，剩下的不是小数目，这一时半会儿到哪里凑这么多钱去。"

曹孟德说："张兄，您别着急，实在不行，我明天在店里等买家来了再走，不过这样可能就耽误事儿了。"

张文泽一琢磨，不行，不能让他们见面，毕竟成交价格是16万两，自己给曹孟德报的是15万两，他们一见面，这1万两的差价就穿帮了。

最后，张文泽一咬牙，把定金和家里所有的银票都收拾出来，凑了10万多两。最后曹孟德说："行了，张兄，先就这么多吧。剩下的等我回来，您再付也不迟。"

就这样，曹孟德他们一行人光明正大、浩浩荡荡地走了。

大家可能都猜到结局了。第二天上午，贵公子没有来，张文泽越等越是满头大汗，一直安慰自己，好在还有定金，不怕他们不来。

但是到了晚上，贵公子依然没来。张文泽感觉不妙，意识到自己上当了，一下子瘫坐在地上起不来，整个家族的几世积累灰飞烟灭。

知识点 2 · 步步为营碾压你的智商

张文泽反反复复思考，这个过程中到底是哪个环节出了问题？为什么会是这个结局？他想来想去，感觉哪个环节都没有问题，你出租房子，人家来租，你能不租给人家吗？别人给你送东西走动你能拒绝吗？别人说这个东西给你代卖，又不要钱，还给你那么高的提成，你能拒绝吗？大主顾上门，看上了你店里的古董，你能不卖吗？人家给你定金，满满的诚意你能不收吗？人家家里死了老太太，你能阻拦人家星夜回家奔丧吗？人家走的时候要带上东西逻辑上有问题吗？

不论从哪个环节看，他都很难脱身，每一步都被锁得死死的。不论是前面有人说那玉虎符是神器，还是贵公子讲的典故，都是精心设计的，最后图穷匕见的时间都是非常讲究的——子夜，人在这个时候是最迷糊最孤立的，他们完成了对张文泽的致命一击。

这中间，他只有一个稍纵即逝的脱钩机会，那就是他给曹孟德报价的时候。如果他实事求是地说成交价是 16 万两，大概率能逃过这个致命陷阱。

"曹兄，实在对不起您，买家已经交过定金了，根据咱们古玩行的规矩，悔一是要赔十的，所以这个玉虎符您不能带走，只能等到明天买家来了，钱货两清了，您才能拿钱回去。"

这是张文泽唯一的逃脱机会，但是，他自己放弃了。因为曹孟德他们深谙人性，在设计骗局的时候，一步步请君入瓮。结果张文泽贪

　　　　　　　　　　　　智商税

念一起，如鱼儿吞钩，再难挣脱。

这就是一个"天仙局"典型案例，大家可以复盘一下，中间几乎没有破绽，除非贪念不起，贪心不动。

在这个局里，骗子们分工非常明确，有出来扮世家子弟的，有出来扮古董专家的，有来报信的。骗局设计得非常巧妙，从接近张文泽到取得他的信任，从设局的道具，到骗取的金额，无不是精心设计、量身定做。

到最后他们发起致命一击的时候，几乎是碾压式的群殴。在那么短的时间内，在那个黑灯瞎火的空间里，张文泽既没有任何理性思考的时间，也没有人可以商量，而骗子就是要他在电光石火之间做决定。

代表着大多数普通人的张文泽，最终做出了一个错误的选择。

"天仙局"几乎无法破解，一直到今天，这种看似天衣无缝的骗局都活跃在我们的社会中，比如我们的政府招商官员或者企业家可能会被人以合作的名义骗到海外。

一群人给你设局，有一整套的流程。如果你不够聪明，就容易上当受骗；就算你足够聪明，但到那时已经是"人为刀俎，我为鱼肉"，进退两难，最终只能是签下城下之盟。

前些年，我国北方某城市的招商官员前往韩国现代汽车总部考察，就陷入了这样的"天仙局"，被人玩弄于股掌之间，里里外外吃了很大的哑巴亏。

所以，大家平日里出门或者出差时，不可不防，当天上掉馅饼的时候，不妨静下心来想一想：这是不是"天仙局"？

接下来，大头再跟大家简单讲讲针对老年人的婚恋骗局和以房养老骗局。相对之前的骗局，这两种骗局更加恶毒和可怕。我突然感觉，这个世界对老年人充满了满满的恶意，吓得我都不敢老了。

○ 4 ○
婚恋骗局：老房子失火怎么救？

应该说，针对老年人的婚恋骗局也是比较传统的骗局。

我举两个有代表性的案例吧，大家知道一些典型特征就好。随着岁月的流逝，儿女都大了，老年人这个时候的生活大都会发生变化——运气好的，结发夫妻白头偕老；命运坎坷的，一般都要面临独居或者丧偶等情况。

宋代词人贺铸写过一首《半死桐》描述老年失偶的凄凉："重过阊门万事非，同来何事不同归？梧桐半死清霜后，头白鸳鸯失伴飞。原上草，露初晞。旧栖新垅两依依。空床卧听南窗雨，谁复挑灯夜补衣？"

这个时候，很多老年人都会感到孤独，时间久了，就会想着找个合适的老伴儿共度余生，少年夫妻老来伴嘛。在找老伴儿的过程中，一些老人家的噩梦便开始了。

案例 1 · 这个妹妹，我好像在哪里见过

天津的李大爷 60 多岁，他中年丧偶，后来也一直没有再婚，日子过得挺孤独的。他的孩子心疼老爸，支持他找个老伴儿。于是，李大爷就在一家婚介所登记了信息。

智商税

没多久，李大爷就接到个电话："李先生您好，我叫王娟，我在婚介所看到了您的资料，觉得您为人挺坦诚的，想和您接触一下。"电话里的声音温婉可人，听得李大爷怦然心动。

后来，李大爷约王娟见面。这一见面不得了，简直是大水冲了龙王庙；不是，简直是金风玉露一相逢；不是，简直是贾宝玉说的那样："这个妹妹我曾见过的。"

王娟身高一米六左右，虽年过半百，但因为平日里注重养生，所以体态容貌看着像40岁左右的样子。王娟说她有个女儿，老伴儿去世了，平时一个人过。虽然约会很短暂，但是李大爷动了心。就像钱钟书说的："老年人恋爱，就像老房子着火，没得救。"

过了几天，李大爷主动约王娟来家里吃饭，两个人你包饺子我擀皮，配合得其乐融融。就在这美好的时刻，王娟突然接到了一个电话，并在电话里跟对方发生了争吵，挂电话之后满脸愁容。

李大爷关心地问："发生什么事了？"

王娟说："我家姑娘找我要2万元急用。这钱我倒是有，银行卡里存着30万元呢，不过买了理财产品，三个月后才到期。李大哥，您看能不能先借我2万元救个急，理财到期后就取出来还您。您要是不放心，我把这30万元的卡抵押在您这儿。"

李大爷心想，这可是"英雄救美"的好机会，就从家里拿了1万元，又陪着王娟去银行取钱。在银行，李大爷拿王娟的卡上柜台查余额时，显示余额为零，他就问王娟："是这张卡吗？里面怎么没钱啊？"

王娟有点儿生气地说："就是这张，我骗你干吗？钱都被划到理财账户里去了，所以余额上不显示。你要是不相信，我把户口本抵押给你。"

李大爷早已被爱情冲昏了头脑，轻信了这种说辞，取出1万元，凑够2万元交给了她。唉，老房子着火，确实没得救啊。

王娟一拿到钱就打车走了，说是赶紧给姑娘送钱去。后来，李大爷再给王娟打电话，对方已经关机了，不论打几次都打不通。他害怕有诈，又去银行查询了王娟的那张卡，里面确实一分钱都没有，她的户口本也是假的。可怜的李大爷人财两空，怒而报警。

两个月之后，王娟和她的同伙落网了。这个团伙以征婚的名义诈骗了7名老人——最小的64岁，最大的已经81岁了，诈骗金额超过13万元。

知识点1 · 你想要爱情，对方想要钱

这种婚恋骗局在实施时，分以下几步进行。

第1步：筛选目标

骗子会去婚介所搜集渴望找到另一半的老年单身男的信息，从里面选出看起来人傻、好骗、多金的"猎物"。而且"狡兔三窟"，骗子不会频繁出没同一家婚介所，而是几家来回转，以免引起怀疑。

第2步：吸引目标

骗子会放出王娟这样气质出众、能说会道的"诱饵"，主动联系被选中的老人，然后施展"美人计"，取得对方的好感和信任，让对方任其摆布。

第3步：收网撤离

之后，负责"色诱"的女人会制造出与被骗者独处的契机，这时，

智商税

她的"儿女"就该打电话吵着要钱了，一个"英雄救美"的坑就此挖好，只等着老头跳了。一旦得手，骗子就会断绝与被骗者的一切联系，开始狩猎下一个目标。

万花丛中过，片叶不沾身。唉，作为骗子，一点儿职业道德都没有，光骗这些老大爷钱，一点儿甜头也不给，能不出事吗？

案例2 · "花篮托"诈骗

相比天津李大爷的线下相亲，济南的何大爷明显就时髦很多，他采取的是网恋。

何大爷今年64岁，老伴儿因病去世多年，儿女又不在身旁，平日里非常寂寞。不过他还挺时髦，经常在微信上通过"摇一摇"加一些新好友。

有一天，一个顶着年轻漂亮女孩子头像、网名叫小薇的人申请加他好友，何大爷连忙通过验证，人家问他叫什么，何大爷说自己叫——"霸道总裁"。

从此以后，两人就开始通过文字和语音火热聊天。小薇的声音非常甜美，聊天时对何大爷关心有加，让这个"霸道总裁"感到非常温暖。小薇还不经意地透露她其实有恋父情结，希望找一个年龄比较大的男朋友。

何大爷激动地差点儿把手机屏幕给摁碎了。他感觉，人生花开第二春真好，人家杨振宁教授和翁帆就是自己和小女友的榜样。

过了几天，小薇联系他，说她在深圳的内衣店开业了，要求他以男朋友的名义送两棵发财树为其捧场。何大爷激动得手都哆嗦了，他感觉这个要求太给力了，他们确立名分的时候到了，此时不给，更待何时？

于是，何大爷便按照对方要求，先后给指定账户转账 5000 元。不过，何大爷惊讶地发现，自从转账后，小薇就把自己拉黑了。

何大爷立刻明白，他上当受骗了，随即怒而报警。警方立即展开案件侦破工作，很快将涉案的 3 名嫌疑人抓获。

知识点 2 · 手机那端的抠脚大汉

这个案例就是一起典型的"花篮托"诈骗。骗子先在微信、QQ 之类的社交 APP 上加单身老人为好友，然后与其聊天获取信任，最后，说自己新开了一家店铺、公司，要求被钓上来的"男友"送花篮、牌匾捧场。

他们要求受骗的老人不能随便找一家网店下单——骗子要的是钱，真寄个花篮过去还没地方摆呢——他们总会找各种理由，款式啊、时间啊、送货啊之类的，给"男友"指定一家店铺，让他电话订购，并将货款直接打给店家。

不用说，店家跟骗子是一伙的，现实中根本找不到这家店。

类似的还有"茶叶托"，你以为手机那端是妙龄少女，其实是抠脚大汉。这就是许多老年人在互联网时代遇到的新问题。他们大部分都挺淳朴的，只是没想到这说好的人与人之间的信任，转眼间就不见了，只有各种不堪的骗局。

一般来说，在针对老年人的婚恋骗局中，男性上当受骗的比较多。但是，这并不意味着骗子会放过女性，宁波的赵大姐就遇到了这样的骗子。

智商税

案例3 · 中年"暖男"不要爱，要钱

赵大姐 52 岁，多年前跟丈夫离婚后，一直过着独居生活。日子久了，她逐渐感到孤单，就想找个人与自己搭伴过日子。于是，她通过一家婚恋网站介绍，认识了张大哥。张大哥的个人资料显示，他比赵大姐大 5 岁，是一家企业的老总。

赵大姐和张大哥通过网络聊了几天之后，渐渐被他的"暖男"形象吸引了，两人很快发展成了情意缠绵的网恋。然而没多久，张大哥就向赵大姐发来这么一条消息：

"大妹子，哥给你分享一个博彩平台，是我一个在福彩中心上班的哥们儿运营的，玩的人挺多的。我俩关系熟得很，他经常会给我透露一些内幕消息，你懂的。我也陆陆续续从这里挣了一些小钱，虽然不多，不过比存银行吃利息划算多了，也没啥风险。"

赵大姐回复说："这东西我也没接触过，看起来挺复杂的。我平时都不用电脑，让我弄我也弄不来。还是算了吧。"

张大哥继续鼓动说："这东西不是你想的那样，简单得很，就跟买彩票一样。你不懂没关系，我让我那哥们儿给你安排个专门的业务员，帮你操作。咱们又不是旁人，这点儿特殊关照还是能找他要来的。这样你也能多挣点儿零花钱，过一段时间，咱们出去好好玩一圈。"

想到张大哥贴心，把一切都安排妥当了，赵大姐就决定先投些钱试试。于是，她加了博彩平台刘经理为好友，在对方的帮助下注册了账户，并充了 10 万元本金。

第二天，赵大姐惊奇地发现账户上有了 1200 元的收益，顿时对张大哥佩服不已："哥，没想到还真能赚钱啊！"

"那是，哥坑谁也不能坑你。要是不靠谱，我也不敢把全部身家都放在里面啊。"

"那个刘经理说让我再多充些钱，他帮我升级为 VIP 客户，你觉得怎么样？"

"可以啊，我是老 VIP 客户了。"

于是，赵大姐将家里的全部存款共 20 万元都投了进去。可到了第二天，她兴冲冲地打开账户，想看看有多少收益时，却发现账上一分钱都没有了。她赶紧联系张大哥和刘经理，却发现他俩已经不是自己的好友了……

知识点 3 · 警惕带你赚钱、带你飞的人

所以，网恋看似很美，却隐藏着很多陷阱。骗子会打造出"暖男"形象，以婚恋交友为幌子，狩猎那些渴望爱情的大姐。在她们开始憧憬美好的黄昏恋之时，"暖男"就会以能够接触内幕消息为由，引诱她们在专门为诈骗而开设的博彩平台上充钱，等到金额足够多了，就一网捞个干干净净，抽身离去，骗财又骗心。

所以，针对老年人征婚这个事情，我个人感觉还是传统的朋友介绍相对可靠。

如果说，这种婚恋骗局基本上还停留在要钱的阶段，接下来我要讲的这种针对老年人的以房养老骗局，基本上就是要命了。这种骗局更为残忍可怖，也是最近几年出现的新骗局，建议大家认真了解一下，提高鉴别能力，防止自己和身边的亲友上当。

智商税

○ 5 ○

以房养老骗局：别家要钱，它要命

知识点 1 · 什么叫"以房养老"？

大头先跟大家简单讲一下什么叫"以房养老"。

"以房养老"源自美国。不像讲究孝道的中国人，美国人没有"养儿防老"的观念，他们的老人基本上只能靠退休金生活，再加上人年老后疾病增多，在健康上的支出就更多了，所以往往入不敷出。

不过，美国老人也没有把房产留给儿孙的想法。于是，他们就把房产抵押给贷款机构，来换取养老金，等去世后，贷款机构就直接把房产收走，自己也不用为处理身后事发愁了。

美国年满 62 岁的老人都可以申请以房养老，老人的房产价值越高、年龄越大，能申请下来的养老金就越多。养老金可以一次性全拿走，也可以像退休金那样每月领钱，跟其他贷款类似，不同的方式和年限对应不同的额度。

2013 年，中国也开始推行以房养老政策，国务院公布《关于加快发展养老服务业的若干意见》，提出"开展老年人住房反向抵押养老保险试点"。

我一直说，骗子这个行业是最具创新精神的，这样的政策都能被他们盯上，琢磨出令法律界人士都感到十分棘手的高级骗局。

高级到什么程度？基本上，受骗者是没办法通过法律途径打赢和骗子的官司的。一般的骗局，你可以怒而报警，但是这种骗局，你报警之后，警察都没有办法帮你！你说高级不高级？

下面，我来给大家慢慢拆解以房养老骗局的套路。

如果有人告诉你，把手里的房子抵押借款3个月，就能获得每月10%到15%的高息，到期还能全额返还本金，请问，你会动心吗？

说真的，一般人都会动心。毕竟，不动不摇，3个月就可以收到几十万的利息，更关键的是，房子看上去也没有风险，只是被抵押3个月。更何况，这3个月里，你一直都在房子里住着，谅房子也飞不到天上去。

各位，这就是我说的，贪念一起，万事皆休。你只要有取不义之财的想法，就得做好飞来横祸的准备。

这种骗局首先出现在房价高得举世闻名的北京，毕竟北京一套房值个几百万元、上千万元很正常。有几百位老人上当和骗子签下了种种法律文件，坐在家里等天上掉馅饼。

可是，几个月过去了，老人不仅没见到当初承诺的高收益，连房子也被骗子们以合法形式悄悄低价卖给了他人。短短数月之间，这些老人就遭遇"上穷碧落下黄泉"的惨痛经历，不仅失去了房产，甚至还有人背上了巨额债务。

不过，和怕见警察、怕上法庭的传统骗局不一样，在以房养老骗局里，骗子们都是以合法的身份，大摇大摆地夺走了老人们的房子。因为老人们都被连蒙带骗地签署并公证了一系列文书，这就为骗局披上了一层合法外衣，他们想要通过法律途径拿回原本属于自己的房子，难度很大，毕竟打官司要讲证据。

智商税

不止一位专做诈骗诉讼的律师惊叹骗子的布局之缜密、手段之毒辣、防御之完备。这种前所未见的新骗局，简直是在光天化日之下、大庭广众之中，夺人钱财，取人性命。照例，大头将结合案例，跟大家细细讲讲以房养老骗局是怎么骗人的。

案例 · 一辈子的努力功亏一篑

张女士一家在北京东二环有一套学区房，本来日子过得和和美美，可在 2016 年 10 月的一天，一群黑衣人突然闯了进来，声称她的母亲欠了他们几百万元而无力偿还，要把房子收走抵债。

张女士被吓坏了，赶紧报警。警察向黑衣人了解情况后，客客气气地跟张女士说："人家给我看了房产证，这房子确实是别人名下的，所以还请你们配合搬家。至于你们两方之间有什么纠纷，可以通过法律途径解决。"

张女士一下子就蒙了，自己住得好好的房子，怎么成了别人的？

无奈之下，张女士一家只得搬了出去。她第二天去房管局一查，发现房子竟然在一周前就以低于市场价一半的价格被卖出去了。因为房子是在母亲名下的，她就问母亲到底是怎么回事，这才知道了整件事的来龙去脉——

5 个月前，她母亲偶然接触到以房养老，一位理财专员广某称这是一种高收益、零风险的新型理财："大姐，做以房养老理财，您只需要把房产证交我们代管 3 个月，我们帮您去做无息抵押，用借出来的钱再去投 3 个月的短期项目，每月能有 7 万元的收益；到期之后，我们就立马帮您把房产证赎回来。"

这个方案听上去天衣无缝，自己的房子只是在外面漂流 3 个月，就可以挣来 27 万元，这种好事情哪里去找？她母亲动心了。这一动心，贪念一起，就是灾难的开始。其实仔细想一想，很多骗局并不是无妄之灾，如果自己不起贪念，骗子是没有可乘之机的。

于是，张女士的母亲跟着广某去了他们的公司，在没有看文书内容的情况下，就稀里糊涂地签下了一堆法律文书，并在对方授意下以房子作抵押向龙某借了 190 万元。随后，她又被龙某领着去不动产交易大厅办理了房屋抵押手续，并将借来的钱一分不少地转给了广某。

而广某只是给了她一张手写借据，说："等项目到期之后，我们就把这笔本金直接还给龙某了，也是帮您省心，不来回倒腾了。"

母亲一想，也对啊，房子自己住着，本金到时候直接拿去赎房产证就行，没必要过自己的手，自己躺着收钱就是了。

没想到的是，噩梦还是到来了。

听完这一切后，张女士赶忙带着母亲去理财公司找人理论。令她没想到的是，当初广某带母亲签文书的地方根本不是什么理财公司，而是一家公证处。张女士在这里看到了母亲公证过的文书——一份借款合同和一份委托书。

借款合同显示，母亲借的不是 190 万元，而是 230 万元，借期 1个月，月息 2%。你看看老太太多糊涂啊，连借的是多少钱都不知道。这还不算，要命的是有一条款是这么说的：如果张女士的母亲到期没有还款，龙某可以凭借公证书向法院申请强制执行，母亲则放弃自己的抗辩权。

而那份委托书的内容是，张女士的母亲将自家房屋的抵押、买卖、产权转移、纳税甚至是收取房款等权利统统委托给龙某。正是因为有这份委托书，骗子才能在母亲毫不知情的情况下，把她的房子过户。不用说，低价将房子买走的人也是骗子的同伙。

广某、龙某、买房者，这些人共同组成了一个分工严密的高智商诈骗团伙。而张女士一家并不是唯一的受害者，董先生的遭遇更加离奇，他的一套市价近 700 万元的三居室被人以 1000 元给网签了。你没看错，不是 1000 万，是 1000 元，而且不是每平方米 1000 元，而是总价 1000 元。

这还不如白菜价，把白菜挨个放在地板上铺满这三居室，花的钱也远远超过 1000 元。由于房子还没过户，董先生就去世了，他的子女以遗产纠纷的理由在法院办理异议登记，才把房子保了下来。

说来说去，这些老人都是被那个广某祸害的。这个人是从哪里冒出来的？是一个姓田的老人介绍给大家的。你们是不是认为这个田老头一定是幕后黑手？错，他同样是以房养老骗局的受害者。

那他为什么还要干这种缺德的事儿呢？就是因为他的房子也被卖了，没有钱，而骗子向他承诺，只要他能把这项业务介绍给认识的人，完成一个就给他一笔介绍费。为此，他不遗余力地把骗子介绍给周围的老人。

所以这种人特别可恶，像僵尸一样，自己被感染了就开始撕咬别人，为自己续命，毫无道德可言。

甚至警方在刚开始面对这种骗局时，也没有反应过来。毕竟骗子手里的法律文书很全，房子就是骗子的，别人在这儿住，本来就说不过去。所以，这些被骗老人的子女一开始报警的时候，警方没法立案。

但是，当相似的案子冒出来之后，警方意识到一个问题，这可能不是简单的经济纠纷，而是一个精心设计的骗局，于是开始刑事立案。警方研究案情后，发现了这个骗局当中最可怕的一点，那就是公证处也是骗局中的重要一环。

被骗老人们的文书公证都是在某三家公证处办理的。老人们的子女也发现，公证处是他们维权时绕不过去的坎儿，这个骗局没有公证处个别工作人员的参与，就不会成立，个别人渣一样的公证员已经和骗子勾结在一起，为他们的骗局披上了一整套合法外衣。

后来这些被骗老人的子女就去公证处质问工作人员："你们公证的时候有没有告诉老人，他们的签字意味着什么？"人家说："有啊，告诉啊，我们这里都有材料，你们可以自己看。"大家拿过来一看，材料的确很完备。

但看着看着，大家发现一个破绽，这些不同的老人，单位不一样，受教育程度不一样，生活环境也不一样，但是他们在公证处的材料都是一模一样的。于是大家再次质问工作人员："你们究竟有没有如实向他们告知风险？"

公证处怎么解释呢？他们辩称："每年来我们这儿公证的人特别多，我们不可能给每个人做一份个性化的公证材料。这些材料都是制式的，看完之后签字，法律文书就是有效的。"

最终，北京市司法局针对相关公证处的乱作为，甚至违法乱纪行为进行调查，吊销了一些公证员的职业资格，给公证处以警告处分，罚款 20 万元。

复盘 · 贪念一起，万事皆休

这种忽悠老年人拿房产抵押办理高额贷款，然后凭借委托书悄悄卖房的行为，已经成为一种针对老年人的新型骗局。

在以房养老骗局里，骗子最高明的地方在于，这些被骗的老人根本无法提供证据证明这些人涉嫌同谋诈骗，即便最后骗局败露，他们只需要抛出一两个干脏活儿的小喽啰背锅就可以。比如上面案例中的

智商税

广某，因涉嫌诈骗被法院判了无期徒刑。

除此之外，案子的幕后核心一个都没有被抓起来。所以你看，这种高智商骗局多么可怕，所有人都知道他们是骗子，他们有罪，但就是找不到他们的法律破绽在哪里。即便东窗事发，警方立案，他们也只需断臂求生，把干脏活儿的抛出来，自己依然可以逍遥法外。

被骗老人想要维权非常难，这些案子是民事套刑事，刑事嵌民事，大案套小案，小案牵大案，纠缠在一起成了死结。根据律师的观察，有时候一家的官司没有个十年八年都打不完，但是这些老人毕竟年事已高，最大的问题就是等不起。

以房养老骗局正是利用老年人不懂法，也不懂得法律文书的意义和概念的弱点，才让老人在完全放弃自己权利的法律文书上签了字。更可怕的是，它还出现了次生伤害。

第一批被骗的老人为了弥补损失，走投无路之下开始与骗子合谋，不断发展下线，就这样，被骗者像滚雪球一样越来越多。这些被骗者，说起来都是我们的父母辈，甚至是祖父母辈，一些七八十岁的老人到最后只得流落街头。

这种恶性案件震惊了很多人，包括当时在《中国青年报》做调查记者的刘万永。他带领几名年轻记者，针对这种可怕的骗局，做了深入采访和调查，最后发表了一篇非常有影响力的文章，披露了这种以房养老骗局。

这个调查推动了一项新政策的出台。北京市司法局明确规定：从2017 年 8 月起，全市公证机构在办理类似业务时，不得为借款人办理担保性委托公证，公证书必须送达双方当事人；60 岁以上老年人在办理房产抵押、不动产委托等公证时，必须由成年子女陪同，办证过程必须录像，并附卷备查。

应该说，这项规定是有积极意义的，它从根源上杜绝了很多惨剧的发生。

有人评价，这项新规是被骗老人用自己的悲剧、血汗甚至是生命换来的，那些推动新规出台的老人在哆哆嗦嗦地走向死亡，走向凋零。

知识点 2 · 以房养老骗局的特点

应该说，以房养老骗局危害非常大，隐蔽性非常强。

我们来总结一下它的特点是什么。这个特点就是骗子利用自己掌握的资金，诱惑老人签订抵押贷款合同，同时骗他们签订可以出售、转让房子的委托书；老人一旦上当受骗，骗子就会迅速把房产过户。

在这个骗局里，主角只有两方——骗子和老人。骗子用自己的钱伪造双方的借贷流水，先把钱借给老人，老人再把钱交给骗子，这样在法律上，骗子是完全站得住脚的，即便是警察同情被骗者，也不能拿他们怎么样。

但是，这个骗局有个致命缺陷——如果被骗者多了，骗子团伙就很容易暴露。这就像碰瓷一样，一两个被骗者来报案，警察没有办法；如果有十个人都过来报案，说遇到了同一个碰瓷的，警察就可以抓他们了。所以到最后骗局集中爆发的时候，公安机关给予立案，骗子们也有了一些麻烦。

我们在前面讲过，道高一尺，魔高一丈，骗子就像病毒一样，不断进行着各种变异。针对公安机关的立案调查，以房养老骗局很快升级为 2.0 版本：骗子们只负责寻找有房子的老人，然后帮老人寻找借款人，让老人把房子抵押给外部借款人，再把钱给他们，他们短期内给老人支付高额利息，最后找机会卷款跑路。

智商税

大家想一想，2.0 版本的骗局最大的危害是什么呢？负责收钱的骗子全身而退，剩下的残局就得由借款人和老人收拾了。可以说，这样的骗局已经非常高级了，所有人——包括年轻人在内，都不可不防。

直到现在，这样的骗局还在发生。北京有一个影响特别大的案件——中安民生非法集资案，骗了 800 多人，涉案 800 多套房子，每一套房子背后都是一个血淋淋的人间惨剧。

讲到这里，我的心情十分沉重。在这场骗局中，老人们"以房养老"梦碎，不少出借人的日子也很难过，唯一获利的就是骗子。

对老人来说，人生暮年遭遇这种重大变故，就如同跌入万劫不复的深渊，毕生心血付之东流不说，有人还背上了天文数字一样的债务，这个债务从法律上讲，还不能不还。

在这里，大头要像杜鹃啼血一样发出警告，大家千万不要轻视此事。在我们能预见的未来，骗子是不会消失的，这些骗局只会越来越高级。我们要想和父母平安度过一生，真是不容易，千万要警惕啊，善良的人们。

第五章

如何拯救我们的父母？

◦ 1 ◦

父母为什么容易上当受骗？

分析 · 父母容易上当的八大原因

我们来聊聊如何防止老人家上当受骗的话题。之前我讲了各种各样的骗局，其中针对老年人的骗局主要有两种。

一种是保健品骗局。这个分布最广，影响人数最多。一种是理财骗局。这个最为凶险，一旦上当受骗，基本上就是一生积蓄化为乌有，甚至人到老年还要背上天文数字的债务。以房养老骗局，就属于这种穷凶极恶的理财骗局的变种。

这两种骗局暴露了两代人的沟通天堑，大家近在咫尺，却好像远在天涯。老人想，早知道这样，当初就应该把你给掐死，让你长大了还来气我！孩子想，早年间还那么明白的一个人，怎么越老越糊涂了，要不是当初把我拉扯这么大，我真是没法要这个爹妈了。

骗子想："你们继续啊，你们要是团结了，就没我们什么事儿了。"

我和大家分析一下，我们的爸妈为什么那么容易上当受骗。

先来说说保健品，老人们为什么那么喜欢保健品，为什么那么喜欢上保健品的当？

第一个原因就是，这些保健品真的对老人的身体起到了一定的好效果，改善了他们的健康状况。这一点可能出乎你的意料，也许你一直都认为，保健品就是忽悠人的东西，老人吃这些东西不可能有什么效果。

但是，事实可能比你想象的要丰富和有趣。我还是先来讲一个身边的真实案例，这样大家容易接受。

案例 · 是什么让他们执迷不悟？

我家里的一个亲戚听说我放假回家了，就兴致勃勃地来我家玩儿。老话说，你来就来呗，还带什么东西啊！她还真的带着东西来的，一个类似热得快的烧水器，两个量杯，还有一个大的矿泉水瓶子。

我一看这亲戚的神情，再一看这装备，心里咯噔一下，立刻感觉大事不妙。果然，她开始给我演示——两个量杯里的水用"热得快"加热，不一会儿出现了两种情况，一杯水浑浊不堪，一杯水澄净无比。

她问我："你知道为什么会出现这种变化吗？"

我心里说："因为你被人骗了呗。"但是我意识到，如果硬刚，可能没有什么好下场，于是很谦虚地表示不知道为什么，请她开示。

她对我的态度还是满意的，开始给我讲："水是生命之源。水是分酸性水和碱性水的，人体也是分酸性体质和碱性体质的。那些得癌症的都是酸性体质，应该平时多喝一点儿碱性水，把身体调理成酸碱平衡，就不会得癌症了。"

　　　　　　　　　　　　　　智商税

我说："你这些理论都是从哪里来的？"

她说："是酸碱平（河北华林酸碱平生物技术有限公司）的科研人员教的，他们不但生产出了这样的水，还出了一种电磁床垫。"

我本来是不紧张的，打算给她做一个现场的心理建设和辅导，但一听到电磁床垫，立刻感到更是大事不好，连忙问："你买了吗？"

她笑了笑，很得意地告诉我："买了！花1.68万元买的！"

我眼前一黑，意识到我俩就像扁鹊见蔡桓公一样，她被骗得已经是疾在骨髓，基本上到了名医束手的阶段。但我还是不死心，给她看了一个新闻，告诉她，就在2018年11月，全球"酸碱体质"理论创始人罗伯特·欧阳被美国法庭判处赔偿1.05亿美元，并当庭承认"酸碱体质"理论是个骗局，凡是基于这个理论的保健品都是骗子产品。

她伸头看了一眼这个新闻，微微一笑说："我知道这个新闻。"我心里稍稍安定了一些，这样就好办了，还能继续往下聊。

她接着说："这个是假新闻。"我差点儿崩溃，感觉她的心理素质不是一般的强大，对这个产品已经由信任到了信仰的地步，不容置疑，不容辩论，不容诋毁。

那个时候，河北华林酸碱平生物技术有限公司还没有被查处，我无法找到权威的官方处置消息，于是找到了一些被骗者发的帖子。她伸头看了一眼这些帖子，然后微微一笑说："我知道这些帖子。"

这个时候，我没有敢松一口气，感觉她还有大招。果然，她说："这都是竞争对手的诋毁。"我现在特别佩服骗子，他们对被骗者的心理建设和辅导真是太到位了，基本上是360度无死角地封住了家人的解救努力。

我跟她说："你自己悄悄用就行了，不要到处分享了。我现在天天吃碱面，嘴上已经被碱出泡来了，应该是碱性体质了，用不到这些产品了。"

这个亲戚微微一笑说："好东西一定要和别人分享，这个是幼儿园小朋友都明白的道理。"

所以各位，我深深理解那些家里父母喜欢上保健品的朋友，他们的痛苦我感同身受。因为在他们的父母看来，这个世界上只有两种逻辑：一种是他们认可的正确逻辑，一种是诋毁他们的错误逻辑。除此之外，没有第三种逻辑。

我一直好奇，他们为什么会这样强大？强大到无敌的状态。在各种努力之后，最后还是让我找到了一些蛛丝马迹。

我说："你实在是想喝那水，就喝一点儿，但是那个床垫还是想办法退了吧！"亲戚这个时候好像才明白，她看错了人，我根本不会买她的东西。她立刻说："怎么可能退？"

我说："如果他们不给你退，我可以帮忙想办法。"

亲戚说："我神经病啊，退这个产品干吗？你不知道，我自从用了这个产品，血压也正常了，腰也不疼了，头也不晕了，走路一走50公里都不带喘的。"

我看她的表情和陈述，基本上是真实而自然的。这个时候，我心里突然闪过一个词——安慰剂效应。这好像是这个骗局中隐秘而重要的部分，但恰恰这么重要的一部分，被我们给忽略了。

无独有偶，我身边的一个好友，他妈妈花了1.2万元钱买了一个磁疗床垫，用了之后，也宣称身体健康了许多。后来，可能改善有限，那个床垫就慢慢不用了。

可是我这个好朋友嘴贱。有一天，不知道他在跟妈妈聊什么话题，

智商税

突然说到了这个床垫。我好朋友说："那个床垫那么有用，怎么不见你用了？"他的本意是："你看，这个东西没啥用吧，当初不让你买，你偏买。"

结果你猜怎么着？老太太一怒之下，当天就把那个床垫用上了。但她宣称，本来床垫把血压降下去了，但活活被这个不孝的儿子给气得又高了上来。无敌的老人家，无敌的骗子，他们的逻辑也是无敌的。

其实，我这个亲戚和那个老太太平时都是非常节俭的人，超市有免费鸡蛋她们绝对不会落下，排一两个小时的队也在所不惜。为什么到了买这些东西的时候，她们会不顾儿女的反对，一掷千金呢？很多人会说，被人忽悠了呗。

根据我的观察和分析，她们肯定是被人忽悠了，但这个结论有点儿简单粗暴。

老人家一生经历了许多事情，可以说人生阅历比我们都要丰富，为什么会被那些小年轻给忽悠住？主要原因就在于我说的那个关键词——安慰剂效应。

这些保健品真的可能给老人家带来了一些身体上的积极变化。换句话说，在老人看来，这些保健品真的有疗效。这才是老人痴迷其中最主要的原因。

但是，如果你不明白这个道理，只是单纯认为老人就是被骗子们给忽悠了，那么恭喜你，你以后和老人家沟通基本上是无效的。明白了这个道理，就可以封堵住大多数骗子的进攻路数。

下面我来跟大家讲一讲，什么是安慰剂效应。

知识点 · 安慰剂效应

安慰剂是一个舶来词，源于拉丁文 placebo，译成英文是"I shall please"，大概意思是"我会好起来的"。

早在 16 世纪，现代外科奠基人——法国的理发师兼外科医生巴雷（那个年代的外科医生大都是剃头匠）就说过："医生的任务是偶尔治愈，经常减痛，总是安慰。"这句话在医学界传播很广，到现在也是如此。

18 世纪的英国名医约翰·海加斯是历史上第一位研究安慰剂效应的人，他测试了当时非常流行的一种叫"帕金斯拖拉机"的疗法。这个疗法看上去很吓人，医生用长约 3 英寸的金属针扎患者脸部——类似我们的针灸，声称可以治疗疼痛、炎症和风湿病。但非常诡异的是，被扎的人都宣称确实治好了。

所以，当时这种"特制"金属针被以极高的价格出售。说到这里，你心理平衡一点儿了吧！保健品骗局在 200 多年前就存在了，并且是全球都有。

作为医生，约翰·海加斯意识到这是一个骗局，于是尝试用牙签、刀叉或者其他东西去扎患者的脸部。神奇的结果出现了，不论这个名医用什么东西扎，患者都表示疼痛减轻了，医生治好了他们的疾病。

从此以后，这种"特制"金属针卖不动了，骗子的财路被断了，但是给医生们留下了一个疑问：为什么用并非医疗器械的牙签、刀叉之类的东西，患者也表示治好了他们的疾病？这些可都是货真价实的患者啊。

直到 1922 年，这个问题才有了一个明确的答案。这一年，葛瑞夫

智商税

兹在医学杂志《柳叶刀》上发表文章，列举了一些用"假药"取得显著疗效的病例。他在此文中第一次使用了"安慰剂效应"这个词。

他认为，人体存在一种安慰剂效应，哪怕是医生给患者开一些毫无有效成分的东西，患者服用后都感觉好了不少，并且这种改善是真实的，可以验证的，和真药的效果是一样的。

但是，此时的安慰剂效应还只是专业圈子里探讨的内容，并且没有达成共识。关于安慰剂是否真的能够带来安慰剂效应，人们一直争论不休。

安慰剂效应真正进入大众视野并被广泛接受，是第二次世界大战以后的事情了。在这里，我们要感谢美国的一名军医，他的名字叫亨利·比彻。

二战期间，美军在进攻意大利南部海滩的战斗中伤亡惨重，镇痛剂吗啡很快被用完了，但是哀号的伤员还是被源源不断地送到战地医院。无奈之下，当时的军医亨利·比彻只好让护士给他们注射生理盐水并善意地欺骗道："盐水里添加了强力镇痛剂。"

结果，神奇的一幕出现了：伤员们在被注射盐水后，居然纷纷停止了哀号！

战后，比彻医生回到哈佛大学，开始了一系列临床试验。1955年《美国医学会杂志》发表了他的研究结果——《强力的安慰剂》。文章指出，仅仅是安慰剂效应就能让大约三分之一的患者被治愈。

从此以后，安慰剂效应开始走进大众的视野。

我有一个朋友很搞笑，比较"坑妈"。他妈妈晕车，但是有一阵子还必须天天坐车进城，于是她天天让儿子准备晕车药，并在上车前把化在水里的晕车药喝了。有一次朋友太忙，忘记放药了，直接给的白开水，但是老太太依然表示这个晕车药真管用。

晚上睡觉的时候，朋友才发现晕车药还好好地躺在桌子上。他感到很惊奇，想着再试一次，结果依然如此……时间久了，他就直接给老太太白开水。但是奇迹出现了，每次老太太喝了白开水，都精神抖擞地上车去了，也不吐了。

你看，安慰剂效应是多么强大。

几十年来，不断积累的医学数据让人们重新认识安慰剂的治病功效。不计其数的研究证实，安慰剂的确能在身体里激发一系列正向的反应。科学家通过核磁共振成像技术扫描患者大脑，发现安慰剂缓解疼痛绝不仅仅是患者的主观感受，在多种情况下，大脑真的会释放镇痛激素自我疗伤。

2009 年，美国《科学》杂志刊文指出，当患者被告知涂抹了一种"镇痛效果很好的药膏"时，他们脊髓里和疼痛相关的神经就不那么活跃了。所以，安慰剂效应不只是想象的，它和真药一样激活了大脑中的神经介质，分泌出如内啡肽和多巴胺之类的激素，从而调控大脑中管理疼痛和其他感觉的区域。

说到这里，你可能会明白一件事情，我们的父母之所以对保健品那么痴迷，很大程度上是因为安慰剂效应，他们的身体的确比使用保健品之前要好了不少。

但是，请记住下面的话：这个时候，要让老人家明白，他的这种身体改善是安慰剂效应的功劳，不是保健品本身的作用。换句话说，他不吃这些保健品，而是吃别的营养品，同样会出现这样的改善情况。

这也是很多大医院的医生、知名大学的教授退休以后也痴迷保健品的原因，它的确会激发安慰剂效应，让他们感到真的有效果。更要命的是，这种安慰剂效应还有一种放大现象，如果你知道你的邻居或者朋友用某种东西治好了帕金森病，你用了之后效果会更好。

智商税

各位，上面讲的便是我们的父母痴迷保健品的第一个原因——他们真的变得更健康了。这个结论有些令人难以接受，但对老人和你来说还算一个好消息。

坏消息是，骗子们通过安慰剂效应把你的钱骗走了，道具就是那些不值钱的保健品。这也是保健品骗局屡禁不止的根本原因——老年人确实能感受到身体状态的改善，尽管这种改善不是保健品带来的。

我们再来探讨保健品和理财骗局大行其道的第二个原因——老年人身体机能的衰退和对于死亡的恐惧。

人到老年，身体各项机能开始慢慢退化，有许多毛病本身就是老年病，比如说：开始容易忘事，开始反应迟钝，开始腿疼，血糖高……所以老了之后，各种说得清说不清的病痛会越来越多。

身体的衰老让老年人的认知能力出现下降，他们对陌生人面部表情的捕捉变得迟钝，尤其对陌生人撒谎时奸笑的表情、游离的目光、后倾的身体，捕捉能力严重下降。

医学研究者在扫描人的大脑后发现，年轻人看到可疑线索时，前脑岛区域有明显的活跃迹象，能够帮助我们判断社会情境中的潜在风险和陌生人的可信度。而在同样的情境下，老年人的前脑岛区域几乎没有任何反应。

这是以房养老骗局能够得逞的一大原因，许多老人的身体机能退化，他们从生理上很难把握一些细节，很难从对方的言谈举止中识破骗局。

而且随着年龄的增长，老年人其实更渴望跟他人建立亲密关系，于是会主动忽视人际交往中的负面信息，天然地想要依赖别人的帮助。

可以说，这是老年人为了生存下去，在社会生活中一种无奈的自我调节。老年人之所以容易上当受骗，除了身体机能的下降外，还在于他们的恐惧感和焦虑感。年轻人的生活内容丰富。但老人们不一样，尤其是丧偶的老年人，他们的恐惧感和焦虑感更加强烈。

　　人生步入老年，从小时候的玩伴、青春期的同学、青年时的同事那里传来的往往是负面消息，接到更多的不是喜宴请帖，而是讣告——今天老张走了，明天老李走了，去送他一程吧，在哪儿开追悼会，去哪儿订花圈，都是这些事儿……

　　老年人对健康状况的焦虑感，对死亡的恐惧感，都要大大强于年轻人和中年人。很多人不理解这一点，这很正常，因为大家通常是站在自己的角度考虑问题的。

　　父母和子女虽然是最亲的亲人，但是也各有各的思考角度，父母不理解子女的职场焦虑，子女也不理解父母的时间焦虑。

　　举个最通俗的例子。你早晨出门的时候，手机 100% 满电量，你的内心里是什么状态？一定是放松的，惬意的，开始安排各种追剧，开始听大头侃人，开始和好朋友聊天……

　　可是到了下午一点钟，当你的手机显示电量不足 10% 的时候，你开始有些慌乱，打开包寻找充电宝，结果发现忘带了！请问，你此刻的心情是什么样的？

　　我敢保证，一定是焦虑的！你的解决方案是什么？可能是花钱，看到有出租充电宝的，马上租一个，眼瞅着电量蹭蹭往往蹿的时候，心里又开始变得踏实了。

　　你开车去旅游，到了一个荒野之地，一看油表只有 5% 的油了。你接下来是顾不上看风景了，只会到处看哪里有加油站，好容易碰到一个乡野加油站，哪怕不是什么大牌加油站，你都会冲进去，先加上

智商税

300 元的油再说。

为什么？里程焦虑综合征！最后怎么解决的？花钱解决的！

请记住，普通人的晚年，很多时候都处在这种电量报警、油表报警的焦虑状态。那么，怎么才能化解这种焦虑？办法也只有一个，那就是花钱，这就有了保健品骗局；可是年龄大了，收入下降，怎么办？开始理财，这接着就有了理财骗局。

这两个骗局有一点儿因果逻辑关系，基本上老人家陷入理财骗局的原因是已经或准备陷入保健品骗局。也就是说，老人家挣钱往往也是为了买保健品，为了买保健品才有了挣钱的动力。

所以从本质上来讲，不是保健品需要老人，而是老人需要保健品。对于老人家来说，保健品就是那个充电宝，就是那个乡野加油站……

这种对于生命的渴望，对于死亡的恐惧，从古到今都是一样的，秦始皇、汉武帝贵为天子，到老了一样认怂，也很焦虑。他们的办法很土，也是到处花钱，到处让人骗，不比老百姓好到哪里去。

徐福就骗了秦始皇的钱，逃到海外去了。秦始皇气得血压升高，血脂也升高了，差点儿发了全球通缉令。你看，保健品骗局在几千年前就开始了，并且骗的都是大户。

你看，过去那些太子、公主都没有办法阻挡他们父母对于保健品的追求，也没有办法阻止他们父母被骗子坑，我们不妨放轻松点儿，站在老人的角度去考虑，去理解和尊重这种焦虑，接受老人们为这种焦虑付费的行为。

从人性本质上来讲，焦虑是可以贩卖和变现的。年轻人因为焦虑买各种知识付费产品，老年人因为健康的焦虑买各种保健品，其实都是一样的。

人同此情，情同此理，我们做儿女的在心理上一定要和老人家同频，才能找到解决问题的方案，不能单纯地把老年人对于保健品的痴迷理解为老人家糊涂了，被人忽悠了等。其实，这背后有深层次的人生刚性需求——对抗衰老和恐惧。

谈完上面这个原因，我再来谈谈老人家喜欢保健品的第三个原因——爱。

我几乎不看电视，但是中央电视台前些年的一则公益广告却一直烙在我的心里：老父亲患上了阿尔茨海默症，也就是我们常说的"老年痴呆"，记忆力越来越差，忘记了很多事情，甚至认不出儿子，也不知道家在哪里。

有一天，儿子带他外出吃饭，盘子里剩下两个饺子，爸爸竟然直接用手抓起饺子放进口袋。儿子看到，立刻抓住了爸爸的手，又恼又急地问："爸，你干吗？"

这时，已经说不清楚话的父亲却吃力而清晰地说："这是留给我儿子的，我儿子最爱吃这个。"这个时候，画外音出来了："他忘记了全世界，却从未忘记对你的爱。"

当时看完这个广告，我的眼泪就流了下来。我痛恨诈骗老年人的骗子，根源也在这里。这种亲情是人类最温暖的情感，不容玷污和破坏。而对这种情感的犯罪，远远超过了对经济的犯罪，骗子的可恶之处就在这里。

父母购买保健品，其实还有更深的原因，就是对子女的爱——生怕自己病了，给子女添麻烦，增加负担，所以他们才竭尽全力保持健康。他们把所有的爱都给你，把所有的负担都给自己。

说完父母的爱，再来说他们容易上当受骗的第四个原因——孤独。

　　　　　　　　　　　　　　　　智商税

一年到头，年轻人跟父母基本上也就是见个三两面，电话加起来可能超不过 10 个。一项中国老年人孤独感自评调查告诉我们，62% 的老年人处于高度孤独水平。

在中国，空巢老人占老年人总数的一半，独居老人占 10%，和老伴相依为命的老人占 40%。大量孤独老人的存在，给了骗子可乘之机。对于许多老年人来说，这种儿女不在膝前的孤独成了健康的最大杀手。

城里的家庭大都是独生子女，乡村的家庭大都是留守老人，不论城乡，老人们面临的情况大致是类似的，都是儿女不在跟前。

但是，身在乡村的老人还有一个好处，那就是他们身处一个熟人社会。大家都是几十年的老邻居，彼此知根知底，儿女不在家，这些老人们平日里还可以串串门，互相帮忙。有一个社交的环境和平台，老人的孤独感还不是那么强烈。

但对于城市的老人来讲，环境就没有那么友好了。在一个楼里住 10 年，你可能连对门是谁都不认识，如果这个时候儿女又不在身边，老人家就太孤独了，特别是有的老人还是单身独居。

平日里，只有儿女偶尔有个电话，他们被整个世界遗忘了。这个时候，花钱对他们来说不是大问题，大问题是没人搭理他，只要有人愿意搭理他，他是愿意付费的。于是，做保健品骗局的骗子们乘虚而入。

有些老人家明知道他们是忽悠人的，但依然选择和他们在一起。因为，相对于花点儿钱，老人家最怕的还是孤独，这是一个残忍的现实。

如果你不能解除老人家的孤独，那么就很难根治保健品的骗局问题。因为真人社交对老人家来说是稀缺品，既然是稀缺品，就有付费的价值。

很多人只会责怪父母怎么又被骗了，恰恰忘了是儿女的消失把他们推向了骗子。所以，平时常回家看看，常陪陪父母吧！人生就是做减法，我们这些亲人都是见一面少一面，不要让老人家那么孤独。

讲完了孤独这个原因，我再来讲一下老人家容易上当受骗的第五个原因——老人家的知识结构跟不上时代的发展了。骗子一直在进步，但是老人家的知识结构还停留在他们那个年代，甚至还退化了。

在中国，大多数老年人获取信息的主要渠道仍然是电视、报纸等传统媒体，他们天然地相信这些所谓权威媒体。一旦儿女劝他们的时候，他们会说，电视上都登了，难道电视台也造假吗？其实他们不知道，电视媒体早就市场化运作了，它们会为了自己的生存，让大量虚假广告堂而皇之地登上电视荧屏。

懂得利用互联网获得信息的老人在老年人群体中所占比例还不到六分之一，45.1%的老年人甚至根本没有信息获取习惯。这就意味着，对于各类诈骗事件的报道，有近一半的老人接收不到。

在信息时代的车轮快速滚动下，老年人被狠狠地甩在了后面，成为信息时代的技术难民，这是一个很大的问题。儿女给买了智能手机，他们一下子从农业社会进入移动互联网时代，这种跳跃式进化是数千年都没有过的事情，他们完全不懂得互联网时代的套路和陷阱。

我们年轻人已经对网络上的骗局有了免疫力，但是对于父母这一代人来说，那是一个全新的轰然洞开的世界。他们只看见了美丽的风景，但不知道危险的陷阱也随之而来。在新的信息丛林中，他们就像一个赤手空拳的旅游者一样，时刻被各种武装到牙齿的强盗围追。

第六个原因是交友不慎。物以类聚，人以群分，如果你身边许多朋友纷纷沦陷，自己想不上当都难。这里面有一个相互影响、相互传

智商税

染的问题，还有一系列攀比和合群的微妙心理。

这个比较难搞，因为父母能交到什么样的朋友，不在我们的掌控范围之内。但是，我们可以主动介入，帮助父母多交一些品行高尚、志趣高雅的朋友。

第七个原因是整个社会对老年人还不够友好，适合老年人休闲娱乐的地方太少，老年大学和老年俱乐部严重不足，导致一系列社会问题的出现。这对于中国这样步入老龄化社会的国家来说，是迟早都要补上的一课。

几亿银发老人的生存、婚恋、社交、发展是需要各种配套设施的，没有这些大的配套环境的改善，老人就会生活在骗子的包围之中。当雪崩发生的时候，没有一片雪花是无辜的，他们都曾经勇闯天涯过，老人们被骗，全社会都有责任。

第八个原因就是现有法律对于骗子的恶行惩戒偏弱，且侧重于经济法方面的惩戒。其实，这种骗局对于社会的伤害远远大于经济领域的损失，不能将其视为普通的经济诈骗，它们还伤害了这个世间最美好最温暖的情感。

有句话说，对于坏人的纵容，就是对好人的犯罪。所以，我们要推动法律的修订和升级，从制度上给犯罪分子以最大的威慑和惩戒，提高他们的作恶成本。不客气地说，现在我们有许多对犯罪的惩罚看上去都像是对犯罪分子的变相鼓励。

如果大家有这方面的资源和能力，请参与进来，让老人能够安享晚年，让我们能够守护人间的天伦之乐。

◦ 2 ◦

如何防止父母上当受骗？

感悟 · 只因为他们老了

"救救父母"这个话题，让我深深地感受到中国老龄化社会的沉重和责任，也感受到中国法治社会的任重和道远。最后我来谈一下，如何防止父母上当受骗。

假如爱有长度，儿女对父母的爱比起父母对儿女的，相差几许？

如果我们对于生命的来处不曾给予回望和尊重，就很容易陷入突然的责备和怒火中，以及突然的自我中。岁月无情，光阴转眼东流去。

日子一天天过去，我们一天天长大，我们和父母的位置慢慢发生了变化。在这个家庭中，我们越来越强大，他们越来越弱小。

在你小时候顶天立地的父母现在变得特别依赖你，变得特别脆弱。当你离开家返回城市的时候，他们还会在你身影转弯的瞬间偷偷地掉眼泪……

没有别的原因，只因为他们老了。

这个时候，请你不要怪他们弯腰驼背、脚步迟缓，他们也曾扶着你直起腰杆，蹒跚学步；不要烦他们言语唠叨、含混不清，因为你曾经的牙牙学语、叽叽喳喳，他们却当成世界上最动听的歌；更不要责备他们听信骗子的忽悠，上当受骗买了许多保健品，因为你小时候也曾许多次迷途，是他们不离不弃地把你带出人生的沼泽……

智商税

各种上当受骗的悲剧发生时，父母、我们、社会，都有不可推卸的责任。

下面，我将分别从父母、子女、社会三个角度讲一讲如何防骗。

秘诀 1 · 父母防骗靠三招

第一招：杜绝贪念

前面讲过，骗子有自己的套路。他们的第一招就是在社区里、广场上、公交车站、幼儿园门口等地方，通过各种免费赠送礼品的活动来筛选出可以行骗的目标。

在这个环节，如果老人没有把持住，认为自己有分寸，能做到只领东西不上当，那么他就是那种容易上当的人。只要有骗子，他就一定会上当，早晚会被各种骗子骗得倾家荡产、妻离子散、家破人亡。

可能有的老人会觉得我这话说得太严重了。其实一点儿都不严重。为什么会这么说？因为老人和骗子过招，是一场不公平的博弈。骗子是专业的，老人是业余的；每一个骗子都见过许多老人，但不是每个老人都遇到过许多骗局。这就像两个人打牌，你手里有什么牌，人家知道得一清二楚，你说这游戏怎么玩？

实事求是地说，骗子这个群体是坏，但不傻，他们都是高智商，要不然干不了这一行。他们针对老年人的每一种骗局都是花费了大量的时间、精力去设计、去研究、去改进、去提升的。老年人到他们这里来，该说什么话，能说什么话，他们心里一清二楚。

所以，骗子在骗人这个方面是专业的。他们进行了大量调研，反复调试，最终优化出一个骗人的"产品"。各位，千万要记住我一句话，在专业的人士面前，业余者只有被碾压的份儿，不可能有胜算的，一个放钻天猴的怎么也干不过专业发射火箭的。

所以，老人家防骗第一招，也是最大的一招，就是远离骗子。只要能做到这一点，那么恭喜，这位老人基本上可以屏蔽和远离80%的骗局了。

第二招：多交好朋友

其实，人老了之后有大把的时间与人交往，但是儿女却没有大量的时间陪伴。这个时候，老人要有一群聊得来的好朋友在身边，才不会形成社交真空，被骗子乘虚而入。但交什么样的朋友特别重要。大家都知道，物以类聚，人以群分，如果老人交一些不三不四的朋友，那么很容易被往下坡路上带。

我一个朋友，他的母亲有一个闺蜜，也是个老太太。这个老太太非常"奇葩"，从五六十岁开始，就专门嫁各种老头，然后等老头驾鹤西去，自己分遗产。

这位老太太脑回路清奇，但是人家这些老头的儿女也不傻，发现这个小妈来者不善，所以也早有提防，千方百计不给她遗产。因为这个原因，双方经常打官司。

如果你身边有这样一个朋友的话，你想想，她能给你带来什么样的负能量？她会让你看到人性中很多黑暗的东西。还有的朋友专门贪图各种小便宜，这样的朋友也不要交。

要交什么样的朋友呢？中国有句老话，叫"友直友谅友多闻"。要交一些正直、宽容、见多识广的朋友。我们知道，人都有从众效应，个人一旦进入一个群体，就会受到这个群体整体行为的压力。个人的行为和这个群体不一致的时候，会受到群体的排斥和嘲讽。在这种时候，人非常容易放弃自己的决定，而跟随群体的决定。

智商税

所以，要多交好朋友，进那种正能量"爆棚"的群，不占小便宜。千万不要去那些封闭空间，比如会销的现场、免费旅游的大巴、免费听课的会议室等。一旦进入那些封闭空间，你就很容易被群体的狂热和愚蠢同化。

中国有句古话："与善人居，如入芝兰之室，久而不闻其香，即与之化矣；与不善人居，如入鲍鱼之肆，久而不闻其臭，亦与之化矣。"说的大概就是这个意思。

第三招：培养有益身心的爱好

人得做事，要不然就会闲出毛病来。

老人家可以在家里养养花，种种草，带带孩子，或者去小区广场跳跳广场舞，或者参加一些志愿者活动，服务社区，奉献社会。

树立起科学的生活观，有病去医院，没病别乱吃药。人老了，就服老。颐养天年是第一位的，挣钱和理财的事情就交给下一代吧，别再琢磨着到处理财了，省得被别人骗。

秘诀 2 · 子女防骗靠八招

实事求是地说，不论我们如何和老人家沟通，他们总还是有上当受骗的时候。原因我都分析过了，这里不再赘述，这个事情的关键在于儿女。接下来我从儿女的角度分析一下，大家如何能够做得更好一点儿。

第一招：让父母有事情做，有社会存在感

我们要有意识地给父母布置任务。

在我们以往的概念中，对父母孝顺就是让他们什么都不用做，最好过上"饭来张口，衣来伸手"的日子。其实，从生理和心理角度来看，这都是误区。

老人要尽量多去完成一些自己力所能及的事务。因为在完成这些事务的过程中，身体机能与大脑都能得到锻炼。这对保持老人的行为力很有帮助。你可以让父母负责接送孩子，或烧个饭，洗个碗。只要不是重体力的活儿或有危险性的事情，都可以。

试想，你是愿意让父母整日呆坐在楼前，还是让他们能够每天开开心心地接送孙子孙女上下学。从老人的角度来说，他们对于接送孙子孙女上下学的任务，虽然有时会在嘴上抱怨几句，但在心里还是美滋滋的——看，儿女们还是离不开我老人家。

这样，父母会感觉自己依然有用，体验到自我价值感。

我认识一个60多岁的大哥，他的老娘80多岁了。每天吃过晚饭，他都说："娘，您快刷碗去吧，我吃完饭了。"

我第一次见他这样的时候，简直是有些气愤。后来，老太太颤巍巍地刷完碗，笑眯眯地回到房间去休息了，我这个老大哥又悄悄跑到厨房把老太太洗过的碗重新洗了一遍。

老太太听到一些动静，问他在厨房干什么，他说我们两个要吃点儿水果，洗点儿水果吃。当老大哥从厨房里出来的时候，我心里突然很感动。他是一个大孝子，他成功地让老娘觉得自己到了80岁依然是个有用的人，儿子离开她根本活不了。

我平时晚上回家都提前给老娘打电话让她做饭。吃饭以后，我去刷碗，然后给老娘说，我走过那么多地方，住过那么多酒店，吃过那么多美食，都没有咱家做的饭好吃。每当这个时候，我看老人家确实很开心。

智商税

所以，让父母避免上当受骗的第一个招数就是主动安排父母的时间，让他们有事情做，让他们感觉到自己是一个有用的人，而不是一个废人，在那里坐以待毙。

第二招：顺势而为，安慰剂效应的最大化

建议你经常主动给老人家买点儿保健品，把安慰剂效应发挥到最大化。这是个刚性需求，如果你不做，就会有别人做。这是一场和骗子的父母争夺战，如果你光说不练，恐怕很难干得过那些骗子。

市面上的保健品林林总总，一般来说大都无用无害，只是安慰剂效应的媒介食品。但是我们也不敢保证，一些小厂生产的或者直接是假冒伪劣的保健品里会不会有非法添加剂，一旦真有不安全的成分，对老人的身体伤害是非常大的。

与其让老人吃到假冒伪劣的保健品，还不如我们主动去买一些大厂出的规范产品，至少可以做到无害。你选择一两个知名度较高的正规产品，买给老人家，告诉他这个是目前世界上顶级的保健品，吃了之后对身体非常好。这样的话，可以最大程度上激发他的安慰剂效应。

老人和孩子一样，有攀比心，也有虚荣心。你主动送保健品的行为让老人家在群体中没有自卑感——"你们有保健品，我也有，并且是我儿子、姑娘给买的，比你们的都好。"

有一个朋友说，她父亲以前是部队军官，转业以后到了地方，在行政机关担任部门领导，是一个活得潇洒明白的人，什么骗子传销一概不信。后来退休之后，他有次在家里摔了一跤，脑出血，被送到县医院。

县医院说他们治不了，应该是不行了，就下了病危通知书。她的哥哥比较有魄力，连夜把老人送到大医院，经过半个多月的治疗，老

人家基本上恢复如常。

她父亲出院以后就像变了一个人似的，开始买各种保健品——保健枕头、羊奶粉等等。但他不是被骗子骗着去买的，而是自己有目的地买的，东西都不贵。

有次她和父母聊天，父亲跟女儿说："爸爸感到人生无常，可能也活不了多久，以后恐怕不能处处照顾你，你自己要多注意。"这个姑娘当时就哭了。她在那一刻特别理解父亲买保健品这个行为，因为那是一种希望，一种寄托。

某种程度上，保健品是老人家渡过焦虑海洋的一个独木舟。既然这样，你就不如给他们买一个质量过硬的独木舟，同时，每年给老人做一些体检，科学地掌握老人家的身体状况，告诉他们身体状况如何，需要补充什么营养。

随着年龄的增长，任何人都不可避免地要面临死亡，因此老年人普遍会有所谓死亡焦虑，这就导致他们对这方面的信息特别敏感。这个时候，我们要主动出击，化解老人家这方面的焦虑，用科学的数据和报告，让他们明白自己的身体状况。

我家老娘曾经有一段时间胃酸反流，她老疑神疑鬼的，后来干脆把遗嘱都给立了。我带她到医院，正好碰上一个特别好的女医生。那个女医生笑眯眯地叫着她阿姨，和她闲聊，说："您这种情况很常见，吃点儿药就好了，针也不用打，药也不用多拿。"

医生这么一说，老太太的压力立马就放了下来。另外呢，这个医生又夸了我一顿，说："您看您家孩子多孝顺，陪着您来看病。您的身体没有问题，吃了药就好了。"说得老太太心花怒放。我拿了药，出了医院，看老太太的神情非常轻松，和之前相比判若两人。那时候我才明白，什么叫作一块千斤的石头落了地。

智商税

我特别感谢那位女医生，她真是白衣天使。其实她让拿的药都是药店有卖的普通药品，但是三言两语之间就看好了老人家的心病。

如果我不去关心，不带老人去医院并且碰到这样的医生，那么老太太天天在家里瞎琢磨，正好碰到小区里一群搞免费诊病的骗子，就可能会冲上去自投罗网。

我们防止老人家上当受骗，要以早期预防为主，多关心老人，不给骗子留下可乘之机。老人一旦上当，99%的后续措施都是徒劳的，基本上是一剑封喉。所以，我们要未雨绸缪，提前把这些工作做到位。

光这些还不够，这是物质上的满足，我们还要给老人家精神上的满足，要做好陪伴。这是我们讲的第三个大招。

第三招：孝顺父母，陪伴是解忧的良药

有一个苦涩的段子：

"你有那种平常只通过电话联系，一年不见几次面的朋友吗？"

"有啊，我爸妈。"

如果一个老人是孤独的，那么他上当受骗的概率几乎是百分之百。因为金钱和财富并不能给人带来快乐和尊严，只有人和人之间的认可和接纳，温暖和尊重才会带来幸福。所以，我们不能让老人孤独，一定要有陪伴。

日本电影《0.5毫米》中，一个老人常年孤独，与孩子联系很少，独自生活在城市的边缘。他的爱好就是偷车，尤其是偷那些不跟他打招呼的人的自行车，目的是让他们感到痛苦。

所以一辆辆自行车几乎填满了他的后院。

后来女主角进入了他的生活，每日照顾他，发现他跟一个黑社会中年人往来密切。原来他跟这个中年人在谈一笔所谓的投资生意。在

一般人看来，这是一个明显的骗局，可老人怎么就识破不了呢？老人说，他其实知道这一切都是谎言，但这个中年人尊重他，把他当兄弟一样，这让他很感动，所以他愿意受骗。

他说："钱又有什么用呢？他是唯一一个把我当人看的人，他让我感觉到，我还在活着。"在这个老人看来，钱其实不重要了，重要的是陪伴，不那么孤独。

所以你看，在老年人的决策思维里，情绪是第一位的。让我开心点儿，我就愿意花钱，活到80岁了，还不能拿钱买个开心吗？人是感情动物，情感必须有所寄托，儿女不在身边，就会寄托到其他人身上。

你也许会说："大头，你站着说话不腰疼，我没有这个条件啊。老人在农村，我在城市；老人在国内，我在海外。怎么陪伴啊？"瞧把你给出息的！你咋不上天啊？你看似理由振振，但真相只有一个：你就是一个不孝顺的混蛋。

科技的进步让我们跨越了过去的沟通障碍，手机、微信这些新技术让我们同住地球村。缺少陪伴的最大原因不是不能，而是不为。

比如说，你用微信每天和老人视频沟通，让老人看看你，看看孩子。你有刷抖音的时间，就不能给老人家打个电话？你看快手的时候，就不能和老人家视频？所以，只要想陪伴，就一定有办法。

光有陪伴不够，还要有高质量的陪伴，也就是我们要说的第四招。

第四招：重新找回对父母的尊重

你要知道，我们的父母不是生下来就白发苍苍，他们也有过意气风发的年轻岁月，也有"一言九鼎"的壮年生涯，也曾在儿女面前无所不能。

无奈，随着年龄的增长、身体的衰弱，他们的时代过去了，现在

智商税

的时代属于年轻人，他们的知识经验变得毫无价值，他们的辉煌过去没人想听。

他们可能衣食无忧，但在内心深处知道，在儿女面前，他们只是"老年人"而已。如果我们在和父母的交流当中，不能真正地尊重他们，也会给骗子留下可乘之机。你不尊重父母，别人"尊重"你父母啊。

如果突然出现了这样一个年轻人，衣着光鲜，谈吐得体，而且与儿女不同，他对老人保持了"应有的尊重"。不仅仅是嘘寒问暖，更进一步，他们愿意分享"年轻人的知识"，让老人在年轻的儿孙辈面前有一种"我也知道你们不知道的东西"的优越感。

他们的这种优越感在你还只是孩子的时候仿佛天经地义，但随着你上高中，上大学，这种优越感逐渐失去了。

现在，这种感觉回来了。你说，在老人的心里，他愿意听谁的话？他是愿意信任给他这种美好感觉的陌生人呢，还是继续做个"啥新东西都不懂"的老朽？

第五招：管好用好父母的朋友圈

我们在前面提到中国家长权威观念很重，儿女反对只会激发他的逆反心理。这时候，你就要管好父母的朋友圈，借助长辈的力量化解这种逆反。

父母更习惯听取同辈人的意见，平等才有对话权。这个情况能被骗子利用，将老年人带进保健品的骗局里，也能被我们利用，把父母和长辈给带出来。不可能你的每个长辈都不清醒。

找一两个长辈劝劝就可以。你苦口婆心劝半天，有时候真不如长辈的几句话。但是人也不能太多，如果都来说，那就成了指责。老人都是小孩子心性，一个人说他错了就够了，所有人都说他错了，他就伤心了。

第六招：像父母小时候包容我们一样包容父母

每一个上当受骗的老人家，都受到了强烈的心理创伤。这个时候，我们要学会包容，就像父母包容小时候做了错事的我们。

有个朋友说，她母亲花 1980 元买了一双保健鞋，明显是上当了。他们家的人都很厉害，都非常清醒，就他母亲一个人上当。

当时七大姑八大姨都说她上当了，老太太不接受，觉得自己是为了家人健康，反而好心没好报。后来她终于认识到自己错了，悔恨交加，一方面心疼钱，一方面心疼脸。

老太太过年时跟女儿哭诉："大家都说我错了，连孙女都说我错了。我活了 60 多岁，反而做啥啥不对，你们都指责我。人老了，不招人待见，谁都不相信我，还不如死了算了。"

这个时候我们一定要做好老人的心理建设工作。告诉她，大家都能理解她的出发点，也很心疼她现在的状况，过去的事情都翻篇了，谁都没有怪她，这里面最可恨的是骗子。

所以说，骗局可怕，不但会让被骗者损失金钱，还会给他带来巨大的心理创伤。出了问题，亲人之间要包容，不要粗暴指责。为人子女，最大的悲哀也许就是，你给父母的温暖和耐心，还不如一个骗子。

我们要把工作做到前面，不让这种情况发生，就可以避免这些问题。就像生病一样，只要生了病，就会遭罪，最好的方法是不生病。

第七招：技术防护，针对骗子想办法

我把我家老人的电话都设置成了通讯录来电，通讯录里面就是我们和亲戚朋友的电话，除此之外，一个电话都打不进来。这个措施有

智商税

效屏蔽了电信诈骗。

我有时候会拿过老人的电话来看，发现几天就拦截不少陌生来电，还是非常有效果的。还有，如果发现老人家已经迷上了保健品，也不要从老人家入手，而要顺藤摸瓜，找到那些卖保健品的骗子，当场拨打110报警或者拨打当地的市长热线12345。

几次威慑下来，他们就会收敛很多，不敢再骚扰你家的老人了。

第八招：你也需要经常给父母"洗洗脑"

既然人家可以给咱们的父母"洗脑"，为什么我们自己不能呢？和父母好好说话，就能有效交流。

我们都知道，开车时安全意识最重要，哪怕你开的是世界上最好的车，开的是坦克，如果老往石头上撞，估计很快就会车毁人亡。只有那些有安全驾驶意识的人才会平安万里。

同样的道理，我们平时要和老人家多聊聊保健之类的话题，让老人明白一些常识，这样就可以主动屏蔽许多骗局，同时让老人家多看有关的影视作品，寓教于乐。

在这里，大头给大家推荐一部电视剧——赵宝刚执导、刘涛主演的《老有所依》。老人家和你都看这个电视剧，相信两代人会各有收获。

战胜黑暗的最好办法不是告诉别人黑暗是多么可怕，而是要让他们看到什么是光明。我们要想预防老人家不上当受骗，就要保证老人家生活上有事干，情感上有陪伴，技术上有防护，这样才能真正解决老年人在人生暮年的痛点。

所谓保健品骗局、理财骗局等，不过是老年人孤独生活的一种病态表现。只要我们不回去陪老人，只要老人们还被孤独和恐惧包围，骗局就不会消失，悲剧就会重演……

记住，我们这些都是亲儿子、亲女儿，我们不能啃老的时候想起了父母，其他时候都忘了，我们要和那些自称干儿子、干女儿的骗子们赛跑……

只要我们停下，那么骗子们就会跑到前面去。

以上八大招是我们所能做的。但是一个人的努力还不够，全社会都要行动起来，因为我们每个人都会老。

秘诀3 · 依靠全社会的力量

中国已进入老龄化社会，整体来说，老有所养、老有所乐、老有所依的目标还没有完全实现。下一步中国的财政投入是否要在这方面加大投入，多搞点儿老年大学、老年公寓、老年医院……

同时，我们要在立法上加大对保健品骗局的打击和惩戒力度，不但要打击那些不法厂商，而且要管好电台、电视台和报纸，保证这样的虚假广告不出现在公众媒体上，形成对老人的误导，斩断这个黑色的产业链。

在保健品这个领域内，谁都不能有免死金牌，不能只打苍蝇，不抓老虎。同时，形成多部门合力，公安、食药监局、工商一起联动，遇到这种保健品骗局就立刻给予迎头痛击，经济上罚得他们倾家荡产，政治上身败名裂，家庭上家破人亡……只有这样，才能遏制这种杀人不见血的骗局蔓延和升级。

但是，我们也要冷静地看到，民智的开化和法律的普及需要时间和成本。在全民懂法、知法、守法实现之前，企图走蒙骗这条捷径致富的人会一直存在，被骗的人也会一直存在。

智商税

特别是随着老龄化社会的到来，老年群体的孤独和恐惧会持续存在，只要骗子放出长线，总有赶不走的上钩鱼，前赴后继，野火烧不尽，春风吹又生……

尽管如此，我们仍要竭尽所能，不绝望，不虚妄，有一分光，发一分热，以各自的努力，顶住黑暗的闸门。

最后，我来讲一个故事，作为结尾。

有一个信佛的年轻人，离开与他相依为命的母亲，远走他乡求佛。他经历千山万水，始终没有找到佛。

后来，年轻人来到一座寺院，这里的方丈是个得道高僧。年轻人虔诚地跪在方丈面前，求他指点一条见佛的路。

方丈见年轻人如此痴迷，长叹一口气说："你从哪里来，还回哪里去。当你在回去的路上走到深夜，敲门投宿的时候，如果有一个人给你开门时披头散发、赤着脚，那个人就是你要寻找的佛。"

年轻人欣喜若狂，多年心愿终于有了实现的希望。他告别方丈，踏上回家寻佛的路。

年轻人走了好几个月，中间有许多次是半夜才看到路边有亮灯的人家。他一次次满怀希望地敲门，却一次次失望地发现，那些给他开门的人没有一个是赤着脚的，并且那些人对他非常不友好、不欢迎。

越往家里走，年轻人越失望，眼看着就快要到家了，那个赤脚的佛依然没有踪影。当他在一个风雨交加的后半夜终于走到家门前时，他沮丧得甚至连门都没有劲儿敲了。

他觉得自己是个大傻瓜，世界上哪里有什么佛啊？他又累又饿，无奈地敲响了家门。"谁呀？"那是母亲苍老的声音。他心头一酸："妈，是我，我回来了。"

只听屋里一阵劈啪乱响，不一会儿，母亲披头散发地开了家门，哽咽着说："儿啊，你可回来了！"母亲一边说着，一边把他拉进屋里。

灯光下，憔悴的母亲流着泪，用无限爱怜的双手在他脸上抚摸，泪光中分明写满了担心和恐惧。年轻人一低头，突然看到母亲竟赤脚站在冰冷的地上！

他突然想起了高僧的话，"扑通"一声跪倒在母亲脚下，泪如泉涌。

父母是我们前半生唯一的观众，我们是父母后半生唯一的观众。小时候，他们把我们捧在手心里，如今我们长大了，千万别让父母的后半生只活在我们一个月一次的电话里。

其实，什么保健品骗局都是浮云，我真正想表达的是，你和父母，我们和老人，如何在这个薄情的世界里深情地活着，享一世温暖，彼此不辜负此生。

智商税

下篇
·
人类上当简史

第六章　查尔斯·庞兹的一生

引子 · 史上最著名的骗局之一

其实，人类的命运是充满了无常和脆弱，有的人原来过得衣食无忧，过一段时间再看，有可能变得负债累累。造成这样的原因有很多，其中一种就是他们可能遇到了我下面要讲的庞氏骗局。

在前面的内容中，我提到了形形色色的骗局，这里来讲一个"钱生钱"的骗局。

话说现在的骗子都与时俱进，张口就是几十亿元的项目，要么给喜马拉雅山修电梯，要么给长城贴瓷砖，要么给原子弹开光。总的来说，都是一些高大上的项目。

他们会告诉你，只要加入他们，就可以今天开游艇，明天坐湾流私人飞机，后天"喜提"银河系，永恒地站上人生巅峰！请问，你加不加入他们？你的答案肯定是："不，我绝对不加入！一看就是骗子嘛！"

人世间的事情，最大的问题就是知易行难。有些事情说起来，用脚趾头都能想明白，一旦做起来，可能就成了别人碗中最鲜嫩的"小韭菜"。骗子"割韭菜"的动作都是相似的，但人们成为"韭菜"的道路各有不同。

这些年庞氏骗局出现的频率非常高，它就像一个强大的病毒，无论人类如何预防和消灭，都无法阻止它以各种各样的变种出现。

今天，我就来讲一讲庞氏骗局的由来。

学过物理的读者一定知道牛顿定律、安培定律、焦耳定律、阿基米德定律。这些定律有一个共同特征——都是以人名命名，这就说明了这个人对定律的重要性。庞氏骗局也是以人名命名的，说明这个骗局足够高明和经典，以至于成为某一类骗局的代名词。

庞氏骗局发生在 20 世纪 20 年代的美国，是人类金融史上最有名的骗局之一。直到现在，这个骗局里闪现的金融手段，还在许多国家的资本市场上辗转流传，成为众多投机者聚敛财富的"魔术棒"，而它的始作俑者就是查尔斯·庞兹。

本章就给大家讲一讲这个传奇人物的起伏人生。

○ 1 ○

想要发财的查尔斯·庞兹

阶段 1 · 被叔叔忽悠到美国

1882 年，查尔斯·庞兹出生在意大利的一个犹太家庭，他的外祖父是受人尊重的法官，而父亲只是一个邮递员。母亲对他期许极高，希望儿子也能成为一名法官，步入上流社会，重振家族荣耀。于是，家里倾尽全力把他送进贵族子弟云集的罗马大学学习。虽然他的家庭条件无法与真正的贵族子弟相比，但他花钱大手大脚，过着极其奢华

智商税

的大学生活。有句话说得好："圈子不同，不必强融。"在大学，他没有学到真本事，却沦为一个花花公子，并且彻底断送了学业。

但母亲依然对他充满希望。其实，我们不能认为这是母亲的一厢情愿，实事求是地讲，查尔斯·庞兹是一个极为聪明的人。见多识广的叔叔见他在意大利也不学好，就对他说："你去美国发展吧。"然后给他描述了一个梦想天堂——"美国遍地是黄金，街道都是用黄金铺的，你要做的就是弯腰把黄金捡起来。"庞兹一听，眼睛都亮了。看来，他叔叔是一个更大的忽悠，他们家族有着悠久的忽悠传统。

在叔叔的鼓动和母亲的祝福下，1903 年，21 岁的庞兹带着 200 美元登上开往美国的大船。他穿着由意大利制造的、昂贵的西装和皮鞋，雇了两个小弟拿行李，在一群想去美国捞金的寒酸乘客中格外引人注目。看起来，他根本不像一个急需用赚钱来证明自己的年轻人，而像一个在悠闲旅行的富二代。他的这身华丽的派头引起了几个不怀好意的人的注意，他们组了一个赌局拉他进来玩，联起手来骗他。当他下船的时候，口袋里只剩下 2.5 美元了。虽然他身无分文，却有着成为百万富翁的雄心壮志。但是，从踏上美国土地的那一刻起，他的兴奋劲儿就消退了。地上根本没有黄金等着他去捡，放眼望去，码头上一片黑乎乎的稀泥。

比身无分文更糟糕的是，庞兹不会讲英语，他的意大利语和在大学里学的其他小语种语言也派不上用场，过去接受的教育在这里也一无所用。正因为如此，他没办法找到一份坐在办公室里的体面工作。在美国，他生平第一次体会到了饿肚子的感觉。为了谋生，他什么工作都做，从杂货店店员到餐馆跑堂，从维修工到推销员……在到达美国的头四年时间里，他一直做着自己厌恶的工作。他的薪水寥寥无几，交完房租，随完同事结婚的份子钱，基本上就是"月光族"了。他的事业没有任何起色，他只是在活着。唯一的进步是，他的英语水平提高了。

此时的庞兹还不是一个骗子，只是一个如你我一样迷茫的年轻人。

他成了名副其实的"美漂"，在匹兹堡、纽约、帕特森、纽黑文、普罗维登斯之间游荡，寻找机会，有时乘火车，有时徒步，居无定所。

1907年，他来到加拿大蒙特利尔时，身上只有1美元。奋斗了四年，咋还越奋斗钱越少了呢？

阶段2 · 银铛入狱

这一次，他幸运地成为一家意大利银行的职员，终于从蓝领成为白领。但这个倒霉孩子的运气依然很差，就在他准备大展宏图的时候，这家银行因挪用储户资金破产，老板扎罗斯跑路了，他又失去了收入。但银行老板拆东墙补西墙的手法，给他留下了深刻的印象。老板信任他，将妻女托付给他照顾，他却喜欢上了老板的女儿。因为这个事情，他还和一个哥们儿争风吃醋，最后被那个人陷害。不久以后，庞兹就以伪造支票的罪名被捕，一头雾水的他迷迷糊糊地就被警察抓走关押起来了。

看守所里蛆虫横行，污秽不堪，一想到不知要在这种地方待多久，他想死的心都有了。心灰意冷的他一言不发，眼睛直勾勾地看着地面，把手里的一块毛巾撕成一片一片。狱友以为遇到神经病了，怕他半夜突然发作掐死自己，吓得报警，不敢跟他住在一间屋子里。于是，他被转移到环境较好的看守所医院，这里比看守所的环境好多了。为了能在医院多待几天，他每天都装疯卖傻，赖在那里。终于等到审判日，他以为自己能洗刷冤屈，重获自由了。但是在法庭上，法院安排的律

智商税

师间接替他认了罪，他连为自己辩论的机会都没有就稀里糊涂地被判了三年徒刑。这也是他第一次感受到法律的不确定性。

在监狱里，庞兹的第一份工作是敲石头，把大石块敲成小石头。不要以为财政饭那么好吃，监狱又不是疗养院。每天工作七八个小时（竟然不是"996"，还算是人道），就是太过重复，比较枯燥。庞兹坚持下来了，一口气干了三个月。他计算过，他敲碎的石块可以铺满整个黄石公园。他说如果让他干得再久一点儿，他能把监狱所在的省弄得比松饼还要平整！

后来，庞兹的能力得到监狱狱警的认可，他被转到监狱铁匠铺里当记录员，之后又去了首席工程师的办公室，最后被调到监狱长办公室。至此，除了出狱，他已经没有升职空间了。

你看看他是不是人才？到哪里都能脱颖而出。作为监狱长的帮手，他可以无须警卫陪同出入监狱的任何场合，也有权和其他囚犯聊天。就这样，庞兹认识了一个银行家狱友，他从对方那里学到一些金融知识和技能，并明白了自己之所以被关进监狱，全拜他的情敌哥们儿所赐。

这个时候，他才如梦初醒。

三年后，他因表现良好，提前获释。但是一个有案底的人重返社会是不容易的，没有人敢雇佣他。庞兹自知无法在加拿大立足，决心重返美国大展身手。此时他口袋里只有5美元。

不料，在返回美国的路上，他又惹上"非法移民"的麻烦。他就是因为嘴贱话多，给几个非法移民做了翻译，就被认为参与了集体作案，于是又被判入狱两年，真是一个倒霉孩子。

有意思的是，在他开始亚特兰大的监狱生活前，几名检察官把同批入狱的人带到一间酒吧进行最后的狂欢。到了亚特兰大的监狱之后，他发现，在这里坐牢实在是太舒适了，和之前的监狱有着天壤之别。

因为这所监狱里关的要么是政客，要么是有钱人。也许这个城市的领导考虑到自己未来的归宿会是这里，所以是按照酒店标准修建这个监狱的。因为有了之前坐监狱的"成功经验"，他在这里如鱼得水，很快混到了一个轻松的工作——在邮件办公室做职员。顺便说一句，他的顶头上司就是监狱长。

故事发展到这里，就有点儿像《肖申克的救赎》了。

除了做些杂事，监狱收到其他语言的信件的时候，他还负责将其翻译成英语，俨然是一个监狱里的小霸王学习机，干啥都行。

慢慢地，庞兹在监狱里开始了自由生活，假日不用待在牢房里，可以和其他职员一起抽烟、下棋、闲扯。庞兹认识了一个叫查尔斯·摩尔斯的狱友，此人在入狱前和华尔街上的大人物交往甚密，据说一家知名轮船公司为了救他出狱已经花了上百万美元。

阶段3 · 结识大富翁摩尔斯

摩尔斯是个社交能手，精通华尔街的资金运作手法，很会赚钱。据说他还控制着纽约冰块生意，垄断了船运行业，买下了12家银行，是个名副其实的大富翁。摩尔斯和庞兹关系不错，他经常对庞兹讲华尔街的各种秘闻和套路，这让庞兹受益匪浅。

有一天，摩尔斯走进监狱长办公室，希望监狱长帮他给他的经纪人发一封密电，监狱长反复掂量后答应了这一请求。几天之后，摩尔斯再次出现在监狱长办公室，递给对方一张2000美元的支票，说："这是给您的，是您允许我发出那封密电的分红。"

后来，摩尔斯重金聘请最好的律师为自己辩护，律师指导他如何装病，然后宣称他患上怪病。在律师的运作下，本该服刑15年的摩尔

智商税

斯只在监狱里待了两年多，就被时任美国总统塔夫脱特赦。

庞兹由此得到启发：有钱能使鬼推磨，美国的司法对有钱人更加慷慨、友善。

庞兹在亚特兰大监狱服满了刑期，但因为交不起 500 美元的罚款，不得不多待了一个月。1912 年 7 月，庞兹刑满释放，幸运的是，他没有被驱逐出境。

他连夜跳上火车离开亚特兰大，前往美国西部马萨诸塞州布罗克顿。为什么去西部？也许是响应国家"到西部去，年轻人，到西部去"的号召。布罗克顿是一座因采矿而兴起的城市，聚集着很多意大利人，庞兹认为自己娴熟的英语会有用武之地。在这里，他有时充当翻译，有时兼职图书管理员，偶尔也会在矿区医院当护士照顾受伤矿工，靠这些零工勉强度日。

布罗克顿的生活并不无聊，洗礼、婚礼和各种庆祝活动让这里比大城市还要热闹。整个矿区就像一个快乐的大家庭，让他感受到久违的亲情和友情，让他有了归属感和亲切感。

○ 2 ○
邮件里发现财富密码

阶段 1 · 开始出售想法

庞兹在当护士的时候，发现社区没通自来水，也没通电。这里用水依靠井水和泉水，照明则依赖蜡烛和煤油，这对医院来说是极大的隐患。

他决心要解决社区的供水供电问题。他是个先有想法，后考虑钱的人。他觉得为什么要担心钱的问题呢？钱总会有的，关键要有想法，一个可行的想法可以换来钱。

你看看这个哥们儿，是不是一个人才？

说干就干，他写了一个类似商业计划书的东西，然后召集社区会议，给居民们讲述了自己的创意计划："先生们，我打算为社区每家每户提供电和自来水。我大致做了调查，发现将小溪里抽取的水储存在山顶水槽内，然后分配给各家各户的方案是可行的。带动抽水机的发动机同时可以带动发电机发电。当然，这需要一笔费用。我自己没有钱，所以我提议成立一家公司，每一位社区成员都可以购买一份或多份原始股，以此筹集足够的钱。为了补偿我的辛苦劳动和提供的服务，我必须拥有这家公司普通股的控股权，并且出售剩余股票来支付公司的日常花费和紧急开支。"

他的计划获得全票通过，发电厂就此开始设立。他找了一位工程师跟进此事，每天向他上报进度，如果一切顺利，再过几个月，这两项工程就能顺利实施。

就在此时，庞兹的生活又发生了意外，要不怎么叫他倒霉孩子呢？

庞兹说："总会有一些出乎意料的事情发生，就像从三楼窗台掉下一个花盆，正好砸中一个人的脑袋。"

一个名为珀尔·戈塞特的女护士发生了意外，她在用汽油炉给病人做饭的时候，炉子突然爆炸，她的整个左臂、肩膀和胸部被严重烧伤。

一位跟庞兹关系不错的医生同他闲聊时，谈起这件事，充满遗憾地说："这姑娘没救了，软组织已经开始腐烂，唯一的方法就是做植皮手术，但是没有人愿意捐献自己的皮肤。"

智商税

庞兹一听，正义感就爆发了。珀尔·戈塞特对病人那么好，但病人如此忘恩负义，竟然放任一个年轻生命就这样逝去，也不肯捐献自己几英寸的皮肤。

于是，他问医生："总共需要多少皮肤？"

医生说："四五十英寸。但在一个2000多人的社区里，别说四五十英寸，连10英寸的皮肤都找不到。"

这一刻庞兹突然英雄附体，"你错了，医生。你已经找到了，我捐。"

当天晚上，庞兹就上了手术台。从手术室出来的时候，他从屁股到膝盖缠满了绷带，剧痛无比。接下来的三个月，他一直待在医院，这次手术引发了一系列非常严重的并发症，比如肺炎、胸膜炎。在住院期间，他无暇顾及发电厂的建设，出院后发现项目已成泡沫。但是，他捐献皮肤的事情被媒体大肆报道，他将报道的复印件寄给亚特兰大监狱，告诉他们庞兹先生脱胎换骨了。

后来，庞兹离开这个地方，去了亚拉巴马州的莫比尔地区。他先是做油漆工，没想到遇到黑心老板欠薪，他这个"农民工"没有讨薪成功，不得已又失业了。之后，他应聘到一所医学院担任图书管理员，却因为卷入了校内教师的纠纷中，再次被"炒鱿鱼"。所以，他的特长就是"炒鱿鱼"：麻辣风味、酱爆风味、烧烤风味等等。

倒霉的庞兹又开始漂泊，他前往得克萨斯州北部城市威奇托福尔斯，担任一家汽车公司的外贸业务员和通信员。这家公司专门生产运载汽车，并把它们装船运往海外。公司的代理商和客户遍布世界各地，所有海外业务都通过邮件或电报完成，一般用英语、法语、意大利语、西班牙语或葡萄牙语写成。除了要通晓多门语言，这份工作还要求员工熟悉汇率、航线、关税，以及邮政和电报税率等。庞兹在这里学到的知识，对他日后的创业和行骗起到了重要作用。

1917 年，庞兹离开这家汽车公司，前往波士顿一家出口公司担任外贸通信员。这是一家看起来蒸蒸日上的公司，给员工许诺美好的未来，但理想很丰满，现实很骨感，当下的薪水根本不够他生活。

不过庞兹本人还是很满意的，他已经在美国漂泊 13 年了，不能再去干那些体力活儿了，哪怕赚少点儿也没关系。特别是现在的工作涉及国际业务，他想多学点儿东西。所以，虽然薪水微薄，但他还是很喜欢这份工作。他打算时机成熟之后，自己开公司创业。

阶段 2 · 自己创业开公司

庞兹像个模范员工一样辛勤工作，但工资还是不够付房租和日常开销，渐渐地，他厌烦了这种被剥削的打工生活。1919 年春天，庞兹再次施展了"炒鱿鱼"绝技，这次是他把老板炒了。此时的他面前有两条路：一条是找一份周薪 20 或 25 美元的工作，继续打工生涯；另一条是自己创业当老板。

最后，他走进学院街的奈尔斯大楼，租了五层两间昏暗的小屋，成立了自己的公司。这个时候他还是没钱，所有家具和办公设备都是他分期付款买来的，日常用品要么用家里现有的，要么买自二手商店。

万事俱备，只等开工。他用油漆在房门写了"查尔斯·庞兹进出口公司"的招牌，正式当起了小老板。

一开始，他只想做个跨国贸易代理商，赚些中介费，但无论是国内还是国外，他都没有客户资源，所以他用发小广告的方式，向潜在客户发函来招揽生意。但是，发小广告也是需要本钱的，当时，发一封国内信函需要 5 美分，国外信函需要 8 美分，按照他"广撒网"的思路，公司可能一笔生意还没谈成就得破产。

智商税

他需要一种更廉价的宣传手段，于是他想到了在媒体投广告。他翻遍了当时的外贸杂志，发觉现实情况并没有他想的那样美好——首先是这些外贸杂志涉及的商品种类并不是很多；其次是这些杂志发行量不大，卖得最好的也只有每月5万份。与在杂志上投广告带来的收益相比，广告成本实在是太高了。

天才的庞兹决定亲自下场改变这种现状，他要办一种发行量更大、成本更低的杂志，名字就叫《商人指南》。

庞兹野心磅礴，他打算把《商人指南》摆到全世界外贸商和客户的办公桌上，于是他想到了免费派送。没有人会拒绝免费的午餐，这一诸多骗术的心理前提，人家庞兹在100年前就摸透了。

不仅如此，庞兹还想到把杂志根据内容分门别类投放到不同地区。比如，因纽特人（爱斯基摩人）不会对冰箱和电扇感兴趣，刚果人也不需要皮毛外套和取暖器。看，这是不是今天互联网的用户画像和精准投放？

他还天才地想到，根本不需要印刷不同版本，只需要采用活页装订就能方便快捷地做出内容独特的杂志，然后把客户的广告精准投送到潜在消费者那里，直击他们的"痛点"。

他认为《商人指南》是一个好项目，并且周围所有人都看好它的前景，但就是没有"天使"来投资。他决定向银行贷款，自然而然，他被银行拒绝了，银行对于小微企业的歧视由来已久。

山穷水尽之时，他召集了创始团队仅有的成员——两个速记员和一个送信员，宣布公司解散。然而，三名傻小子要求和公司共进退，为了庞兹的理想拼一把。庞兹这哥们儿，像不像国内广告界某个大佬？

第一次创业失败了。不过他毫不气馁，很快又发现了新的商机。有一天他闲来无事，翻了翻书桌上堆积的信件，一张别在信上的国际回邮代金券引起了他的注意。那是一封来自西班牙的信件，代金券是预付回邮费用的。当他看到代金券上用西班牙语写的"30分"时，眼睛突然一亮，大叫一声：天不亡我！

各位，他为啥有这种反应？这里有必要认真说一下这个国际回邮代金券，毕竟，庞兹的整个骗局都是以此为基础生发出来的。

当时的欧洲，有一阵很流行邮政代金券。国际邮政联盟有这么一条规定：各国民众在寄国际邮件时，可以附上一张回邮代金券，回信人可以凭此换一张邮票。大概是为了推动全球通信业的发展，国际邮政联盟搞起限时优惠，你去买邮票的时候，邮局买一送一，你买一张国际邮票，赠你一张回邮代金券。

这样，收信人回信的时候就没有任何经济负担，拿着回邮代金券直接在当地邮局兑换邮票就可以了，相当于现在的来回包邮。这本来是一个很好的规则，但是庞兹硬生生地从这里面看出了商机。

不得不说，他也是一个聪明用错地方的天才人物。

受第一次世界大战的影响，当时各国的汇率波动很大，然而依据《罗马条约》，邮费与各缔约国货币之间的比率是不变的。所以，同一张回邮代金券在不同国家代表着不一样的价格，这其中就蕴含着巨大的利润空间。

举个例子，一张回邮代金券在西班牙价值30比塞塔，根据当时美元和比塞塔的汇率，这张回邮代金券换算成美元大概价值4.5美分。那么美国国内买这样一张回邮代金券需要多少钱？5美分！

看看，回邮代金券是不是在这两个国家有了10%的差价？如果你在西班牙买了1亿美元的国际邮票，然后把回邮代金券运回美国，再在当地进行兑换。这意味着什么？你将得到1.1亿美元。心动不？眼热不？天才不？

智商税

这个世界上有两类人：一类人遵守规则；一类人从规则里面寻找漏洞，然后恶意地用其牟利。庞兹就属于后者。既然有那么大的差价，总得有中间商来赚这个钱吧！庞兹就想来当这个中间商。

不得不说，庞兹是个天才，只是把聪明用错了地方。他决定利用国际邮政联盟的规则漏洞，利用第一次世界大战造成的混乱和信息不对称，大赚一笔。他这种想法靠谱吗？

实事求是地讲，这种想法有一定的可行性。因为当时某些国家的货币在大幅贬值，的确为回邮代金券的投机提供了条件。但是，各国发行的代金券总量有限，没有办法大规模获取，并且这种回邮代金券无法变现，只能换邮票用。

利用汇率差价与中间的过桥货币获利，现在是外汇市场通行的做法，但是在庞兹的年代，这一理念还是非常先进的。庞兹计划的唯一难题是，如何用代金券在美国换成邮票，再把邮票换成等值的现金。

在这个轰天计划开始之前，他做了个小实验。

阶段3 · 只有一个人的证券公司

庞兹给三位朋友各寄出一封信，每封信中都附上1美元。三封信分别寄往西班牙、法国、意大利。他要求收信人将这1美元兑换成当地货币，全部用来购买国际回邮代金券，然后邮寄给他。

几个星期之后，他收到了寄回来的代金券，然后去波士顿邮局要求兑现邮票。结果令他颇为满意，这种代金券可以毫无障碍地兑现成邮票。也就是说，如果接下来能解决把邮票变成现金的问题，这个商业模式真的就成立了。

庞兹管不了这么多，他生性乐观，敢于冒险，他相信这些细节都是可以解决的。于是他注册了一家证券公司，其实整个公司就他一个人。

庞兹说，国际回邮代金券就像落到他脚下的熟透的苹果，他会立刻咬上一口。如果他不吃，那就太不符合人的天性了。

这是骗子的第一个特征——没有是非心，也没有道德感。

庞兹说，从事代金券交易不会触犯任何法律，也不会违反任何规章制度。人们最多会说，这种交易是不道德的，可是谁在乎道德呢？万能的美元是人们追求的唯一目标。只要能够获得美元，哪怕你违背道德，人们也不会批评你。因为只要你有钱了，就会有人来恭维你。

事实上，当时的庞兹已经穷得揭不开锅了，货款不断逾期，很多人找上门来要钱，要不然就拉走他的家具。

为了实现宏图大业，庞兹开始借钱。但是，他跑遍整个城市，发现大家的想法出奇一致，没有一个人肯借给他钱。

他慢慢意识到，应该用众筹来做这个项目。看看人家庞兹，玩的东西都很先进，很多东西到现在还有人玩。他发布了一个计划，不论是谁，哪怕是阿猫阿狗，只要拿出 10 美元以上，就可以持有他的证券公司开具的本票，然后由他来操盘，赚取高额利润。可这时，大家还不搭理庞兹，这让他很尴尬。他决定出一个大招，彻底摧毁人类的理性。

1920 年 7 月 24 日，《波士顿邮报》登出了一则不寻常的报道，黑色的大标题简单粗暴——"三个月让你的钱翻一倍！"

在广告里，庞兹声称他的证券公司可以帮大家购买欧洲的回邮代金券，再转卖回美国，稳赚不赔，45 天内付给投资者 50% 的利息，年化收益率 400%。不用等三个月，只争朝夕。你不怕他是个骗子吗？可他 45 天就可以给你回报，甚至比他承诺的三个月还提前一半时间。

各位，如果现在报纸上说，你给他 100 万元，过 45 天，他就给你 50 万元利息，三个月之后，连本带利 200 万元给到你，你敢投钱吗？

智商税

你肯定不敢。可是如果他说，你给他 10 元钱，过三个月，他给你兑现 20 元，你敢不敢？你肯定敢，因为 10 元你输得起。

所以，不是骗子太聪明，而是你太贪婪。庞兹这条消息一出，波士顿的人们都为之疯狂。但只是疯狂，还是没有人相信他的话。巧合的是，在庞兹的广告下方，印着当地一家著名银行的广告——"储户年息 5%"。大家都认为，庞兹的广告是个巨大的骗局。

不过，这一次庞兹感觉稳了，他坚定地相信，一定会有第一个大傻子过来找他。果然，真的有大傻子来了。庞兹给他讲了什么是国际邮政联盟，什么是汇率，什么是回邮代金券……对方果然是个大傻子，庞兹给他讲了一上午，他啥都没听懂，最后，他明确地告诉庞兹，自己就是个大傻子，过来看热闹的，没有钱。

庞兹恨不得抽死那人，但他不愿意让自己半天的辛苦付诸东流，于是灵机一动说："干脆你成为我的代理商吧，如果你能把我的方案推荐给亲朋好友，每成一单，我就给你 10% 的佣金。"这个大傻子一下子聪明了，连忙说行。

在庞兹看来，只要有好的商业创意，就根本不需要搞那些疯狂营销，一定会有人主动上钩，因为他了解人的天性。那时候，只要是和外汇有关的生意，人们都会趋之若鹜。庞兹在之前工作中积累的外贸及外汇知识，为他营造了专业可信的形象，而 45 天 50% 的利息则让贪婪的人们主动咬钩。

如果那些人没有贪婪的天性，很多骗局就不会奏效。庞兹的致富方案极具诱惑力，而且看上去也没有风险。有疑虑的人可以先拿 10 美元试一试，就算全亏进去也没多少。在今天已经被各种骗局骗出经验的我们看来，庞兹的投资项目听起来有些可笑，但对于当时见识少的人来说十分诱人。

当第一批拿 10 美元尝试的投资人在 45 天后收到 15 美元的回报时，他们的所有担心烟消云散，于是就把全部家底交给了庞兹，并且踊跃向亲朋好友推荐这一发财捷径。于是，向庞兹投资的人数快速地增长，每一个人在拿到承诺的回报后，又积极向他人推荐。这样看来，整个骗局能够成功进行下去，靠的不仅是庞兹天才般的忽悠手段，他只是从山上滚下一个雪球，最终在众多投资者的推波助澜下演变成雪崩。

○ 3 ○
庞氏骗局的诞生

阶段 1 · 雪球开始滚动

庞兹的第一个代理商——那个大傻子，就是这个雪球。到了 1920 年 1 月，庞兹已经吸引了 18 名投资者，收到投资款共计 1770 美元，依靠后来投资者的继续投入，庞兹已为他们支付了 2478 美元的利息。雪球开始滚动，并在 2 月第二周之后越滚越大。

到这年年底，有 4 万多名波士顿人向庞兹投了共计约 1500 万美元，平均每人投了三四百美元，远超庞兹的预期。这一大笔钱的购买力，相当于现在的 10 亿美元。小雪球最终演变成大雪崩。从这个角度来讲，庞兹成功了，他洗脑了大众，骗取了天文数字一样的财富。

人类历史上最为臭名昭著的经典骗局——庞氏骗局，就这样诞生了。这是一出悲剧，它让底层那些穷人的生活更加悲惨。

那是一个脑洞大开就能赚大钱的时代，贩卖各种神奇商品的骗子

智商税

层出不穷。但庞兹跟只会卖"大力丸"之类忽悠人的骗子不一样，他玩得比较高级，起手就是玩资本。他卖的不是看得见、摸得着的实物商品，而是理财产品。

所以，身高 1.59 米的庞兹不但挣到了大钱，还有了大批崇拜者，成了当时的圣人。

一次他在大街上，有人向他高喊："你是最了不起的意大利人！"

庞兹谦虚地回道："不，哥伦布和马可尼才是。他们一个发现了美洲大陆，一个发明了无线电。我发明了什么？"

那个人高呼："你发明了钱！"

从此以后，一些愚昧的美国人将庞兹与哥伦布、马可尼并称为"意大利三杰"，说哥伦布发现了新大陆，马可尼发明了无线电，庞兹重新"发现了钱"。

一个社会最大的悲哀不是骗子横行，而是上当受骗的人还将骗子奉为神明；一个社会最大的悲剧不是"韭菜"遍地，而是"韭菜"们拼命地为"镰刀"唱赞歌。

这是人类最惨烈的灾难。

大家看看，为什么大众会陷入一种狂热和狂欢？分析起来，有以下几个原因：

第一，貌似高深的专业名词，让你听不懂，但是觉得很有道理；

第二，超出常规的回报率，让你心痒痒，想赌一把；

第三，身边亲友的榜样作用，他们现身说法，让你欲火中烧；

第四，对于自己能力的迷之自信，让你觉得可以逃出生天。

所以，在这些因素的推动下，波士顿的民众都钻进了这个财富的粉碎机，被碾得血肉模糊。还是那句话，你想要的是别人的利息，别人想要的是你的本金。

庞兹就这么成了超级暴发户，他住的别墅有20多个房间，有100多套昂贵的西装，每一套还配有专门的皮鞋，镶金拐杖有数十根，连烟斗都镶着钻石。穷小子一举逆袭，成为社会名流。

看到这个桥段，你感觉熟悉吗？咱们大名鼎鼎的"e租宝"，上线仅仅505天，就非法吸储高达747亿元。骗来的钱不心疼，创始人丁宁开始随意挥霍，累计赠与他人现金、房产、车辆、奢侈品超过10亿元。仅仅给女秘书张敏送的礼物，就包括价值1.3亿元的新加坡豪宅，总价1200万元的钻戒、名表、豪车，还有5.5亿元的现金"奖励"。他甚至要求办公室里的几十个女秘书都穿路易威登、古驰、香奈儿等奢侈品牌的制服。还有团贷网的唐军，自己出行要带一大帮服务人员，什么贵买什么。

为什么会这样？

因为他们知道，"人间好物不牢靠，彩云易散琉璃脆"。这些大风刮来的财富，譬如朝露，转瞬即逝，得赶紧花。自己不花，也许很快就不见了。

阶段2 · 如何盈利？还没想好

庞兹有钱之后性情大变，挥金如土，一天不买东西就六神无主。他经常在大街上闲逛，然后告诉售货员："把它包起来，我要了。"不管那东西是一包糖果，还是一座大厦。

更让人叹为观止的是，吸取了1500万美元的庞兹完全把他当初的商业计划抛之脑后了，也许是还没有找到把邮票变成现金的办法，他前后只卖出两次邮票，累计换取61美元。

庞兹没有任何代理和销售人员，那些客户就是最好的渠道和销售

智商税

人员。他不需要真的倒卖邮票，只需要将后来投资者的钱当成利息返还给早期投资者，不明真相的人便会以为庞兹的项目真能赚钱，于是把更多的钱送上门来。

从缅因州到新泽西州，到处都是庞兹的信徒，金钱如同潮水一样向他涌来。在这个骗局里面，最可怕的是人心的贪婪，赚了钱的老投资者不会走，想赚钱的新投资者扑上来。庞兹就像一团火，无数飞蛾前赴后继地扑上来。

但世界上还是有不糊涂的人的，记者和检察官开始调查庞兹的投资项目，经济学家也纷纷质疑其盈利模式。对于这些指控，庞兹冷静地在报纸上发文反驳，以"如何销售邮票是商业秘密"为由，拒绝外界查阅公司运行记录。

他向信徒们宣告，他不但将最初的证券公司经营得很好，还拓展了新的业务领域——收购银行。他的手段相当野蛮，就是往波士顿的汉诺威信托银行拼命存钱，为的是给银行带来压力，好让自己巧取豪夺。

慢慢地，庞兹就成了这家银行里存款最多的客户，如果他把存款全部取出，银行就会倒闭。在1920年，他用300万美元完成了目标，把这家银行掌控在自己手中。通过类似的手法，庞兹先后收购了5家银行和1家信托公司。

投资者们对庞兹深信不疑，因为他每一次都能够兑现承诺，许多人也因此暴富，形成了生死相依的联盟。

不需要庞兹亲自反驳那些质疑声，光是这些既得利益者就能用唾沫把质疑者淹死，最后他们也变成了罪恶的同谋。这太可怕，就像一个僵尸游戏，新人只要被咬住，就会变成攻击其他人类的僵尸，把他们引诱进来，吃他们的血肉。金钱和利益面前，再无人性和善良可言。

这时，你想起了谁？南京钱宝网的张小雷，他本人都投案自首了，那些信徒们却还在质疑公安机关冤枉好人，并自发为他"打 call"。这里面不仅有智商的原因，也存在利益的因素。

100 年过去了，人性一点儿变化都没有。

纸终究包不住火，越来越多的媒体意识到庞兹的商业项目存在问题，于是火力全开，爆出了许多关于庞兹的负面消息：他的"大型证券公司"仅有十几个员工、两个办公室，他曾经两度入狱，等等。

在揭穿庞氏骗局的过程中，媒体起到了社会看门狗的作用，捍卫了公众利益。在一个正常的社会里，媒体会经常报道一些肮脏的新闻，扮演着看门狗或啄木鸟的角色。报纸上脏了，社会就干净了。如果没有这些瞭望和警戒功能，媒体就会失去它存在的意义和价值。

也许最初，庞兹没有想当一个骗子。他和所有怀揣梦想的人一样，希望用诱人的条件吸取资金，然后努力实现梦想。然而，在庞兹的投资计划牵涉了整个波士顿之后，他发现现有的国际回邮代金券无法支撑大批的资金套利，这让他的计划几乎无法收场。

再加上他忽然发现，原来人类如此愚蠢，不骗他们都对不起自己。于是他狠下心，开始了诈骗之路，吸引大家投入更多的资金。庞兹一边付着之前投资者的利息，一边幻想可以抓住新的投资机会。

庞兹的计划与所有金字塔式集资相同，纷纷失败。压倒这只骆驼的最后一根稻草竟然是两个市民状告庞兹诈骗。

这引发了公众和媒体的警觉。

阶段 3 · 骗局终被揭穿

1920 年 7 月 30 日，《波士顿邮报》头版头条刊登了《回邮代金券计划被彻底揭穿》的新闻，文章引述了纽约邮政局长托马斯的话："全世界所有回邮代金券加在一起，也不够庞兹宣称的财富总额。""纽约市邮局只保留了总价值1400美元的代金券供随时使用，因为需求很少。""庞兹的商业王国就是彻头彻尾的骗局。"

庞兹后来承认："其实没有回邮代金券，也没有利润，更没有办法支付票据，唯一的出路就是用拆东墙补西墙的古老办法。"检察官控告他诈骗，罪行有80多项。直到现在，马萨诸塞州最复杂、最重大的破产案仍是庞兹的案子。

同年11月，庞兹再次来到法庭。法官判决庞兹罪名成立，服刑9年。受他牵连，5家银行和1家信托公司倒闭，参与集资的4万人毕生积蓄瞬间化为乌有，一生归零，有的甚至加了杠杆，跌入人生深渊。

故事听起来永远有趣，但代价都是血染的。

法庭宣告庞兹有罪后，他递给记者一张纸条，上面用意大利文写道："世间的一切荣誉，就此成为过眼烟云。"一切浮华转瞬即逝。

令人惊讶的是，仅仅过了两年，庞兹就获释了。果然就像他当年说的那样，司法对有钱人是非常友好的。但这个大哥是"曾经沧海难为水"，这时他已经很难像大头一样，老老实实地在工地上搬砖了。

很快，他因为虚构高端房地产项目再度入狱。这一次他没钱了，司法对他也不再友好。他把牢底坐穿，一待就是12年。刑满释放后，美国政府怕了他，一秒都没有耽搁，马上把他遣返到意大利。

回到祖国意大利，他仍旧热衷于编造一个又一个的骗局，这对他来说，可能已经形成了一种生命本能。他甚至还想过骗墨索里尼，但因为墨索里尼的段位比较高，他没有成功。

从此之后，庞兹再也不曾重现当年辉煌，他别无选择，只能搬去巴西。庞兹晚年无家可归，饱受疾病折磨，极其悲惨。这也算是命运的惩罚吧。

他在最后一次接受采访时宣称："人们用 1500 万美元的代价观赏了我的这场演出，难道不是很值吗？"

1948 年，庞兹因脑出血导致半侧身体瘫痪，双眼几乎看不清东西。

1949 年，庞兹怀揣未能实现的"梦想"——从苏联政府那里骗取 20 亿美元，在福利医院去世，身后只留下 75 美元遗产。

一代风云人物就此谢幕，但他的徒子徒孙们却在全世界开枝散叶。

第七章　人类高利贷简史

引子 · 隐秘的古老行业

有人说，人类有几个古老行业，比如：厨师，大家都要吃饭；医生，大家都会生病；老师，大家都要接受教育；建筑工人，大家都要住在房子里；还有那些山外青山楼外青楼的古老职业……

其实，除了这些，人类还有一个隐秘的古老行业，那就是高利贷。

高利贷行业伴随着人类社会的发展而产生。在原始社会末期，人类慢慢开始拥有私人财产之后，高利贷就出现了。

高利贷有两个特点：一个是救急，就是你特别需要这笔钱，有了这笔钱，就能临时周转起来；另一个是摧毁，它可以把你的正常生活摧毁殆尽，从此沦入无边的深渊。

所以，但凡有一点点办法，大家都不要去碰高利贷。

高利贷是一种经济领域的致命病毒，在我国有数千年历史。不过在大部分时间内，它都处在金融和法规之外，隐藏在角落中。它最大的特点就是如同新冠病毒一样，让你不知不觉地沾染上，然后被它敲骨吸髓、食肉寝皮。老百姓谈之色变。

智商税

因为高利贷危害性太大，影响社会稳定，所以历史上，商鞅、王莽、王安石这些政治家都采取了相关政策打击它，但均收效甚微，最终以失败而告终。

大家很好奇，高利贷既然是个坏东西，为什么打不死呢？

接下来，我来跟大家讲一下，高利贷是怎么回事？在数千年的历史流变当中，高利贷都有哪些故事和表现形式？时至今日，它又出现了哪些变种？带来了哪些危害？

○ 1 ○
先秦时期的高利贷

阶段 1 · 高利贷的起源

中国有一个大禹治水的神话故事。

上古时期，黄河常年发大水，百姓备受饥荒之苦，怎么办？他们想方设法要活下去，为了生存，只能把儿女卖了来换取食物，续一口命。

作为部落领导的大禹一看，这样可不行，多不人道啊。所以他常用自家的钱帮助别人渡过难关，并且不收利息。

有人开玩笑说，大禹是中国历史上第一位处在管理层却往市场投入资金以解决危机的领导，就像股市遭遇危机时政府出手处理一样。

人与人之间发生了不是买卖的金钱关系——咱俩有金钱关系，但不是买卖关系。这意味着在特定条件下，我可以用别人的钱来做自己的事。这个行为就是借贷。

那时候民风淳朴，大家的脑子可能也不够用，只是不忍心看到亲戚朋友落入灾难当中，本能地伸手拉一把，借给你钱，但是不收利息，纯帮忙。

但是，理想是丰满的，现实是骨感的。

随着时间的推移，借贷双方的关系产生了许多矛盾。比如还款期到了，但是对方还不上。这还算好的，一时还不上，那就慢慢还吧，毕竟留得青山在，不怕没柴烧。比较糟心的是，借款人干脆就跑路了，直接跑到另外一个山洞里，跟着其他部落鬼混去了，你根本找不到他的影踪。

还有一种最严重的情况——借款人死了。可能是追野猪时被野猪拱死了；可能是抓长颈鹿时恐高吓死了；可能是山洞的自然风系统崩溃时被石头砸死了；可能是谈恋爱时被情敌推到了山崖下……

因为有这些情况存在，那个时候借钱给人是要承担很大风险的。当时的人类平均寿命大概也就 30 多岁，你看他二十七八正当年，借给他三个贝壳，结果他转头就死了。

别管怎么说，种种意外情况发生之后，向外借款的人就很郁闷地发现，我好心好意做好事，结果呢？出现很多坏账、呆账和死账，我收不回来了。

这样一来，做好事的人老吃亏，不要说是大雨（禹）了，就是暴雨，也承担不起这么多的亏空。

后来，向外借款的人学聪明了，开始采取相应的财务保全手段——收利息。用我的钱不能白用，用现在的流行词解释就是不能"白嫖"。

十个人来借我的钱，我收十个人的利息，如果跑了四个，这六个人的利息就能弥补四个人的本金损失，所以上古的人就发现收利息这个事儿比较靠谱。

智商税

这就是人类借贷关系的起源。

阶段2 · 登上历史舞台的高利贷

到了周朝，借贷慢慢发生了变化。

《周礼》记载，那个时候出现了世界上最早的借贷机构，叫泉府，是周朝国营的金融机构，就像现在的银行。

《周礼·地官·泉府》记载："泉府掌以市之征布。敛市之不售，货之滞于民用者，以其贾买之，物楬而书之，以待不时而买者……凡赊者，祭祀无过旬日，丧纪无过三月。凡民之贷者，与其有司辨而授之，以国服为之息。"

这段话的意思是："泉府管理着市场上的税款，收买市场上卖不出去但百姓又需要的货物，并且是原价收购，明码标价，等着着急用的人来采买……一切想要赊的人，如果是为了祭祀，在十天之内不收利息；如果是为了丧事，三个月内归还，也不收利息。如果百姓需要贷款，那么就和他的主管官一起把要贷的东西鉴识好，然后按照国家的规定收利息。"

从《周礼》这段文字中我们可以发现，在周朝，人们就已经有赊账、借款等跨期价值交换的生意了。泉府这个金融机构平日里主营丧葬祭祀和生产生活借贷，并且借贷体系很成熟，有低息贷款，也有无息贷款，就看用途是什么。祭祀和办丧事就可以享用优惠贷款。当时的政府认为，死亡是大事，用在这上面的钱属于老百姓的刚性支出，是不能收利息的。但如果你过来借钱的时候，跟这个泉府的府长——就是银行行长说："我准备开个小卖部。""我准备开个小餐馆。"人家会说："你是用来挣钱的，所以我们要收你相应的利息，但并不是很高。"

周朝有五大治国政策，其中一条便是农业贷款优先批准，并且是低息的，与现在的"三农"政策非常类似，都属于非常照顾农民的政策。

那时候也没有统一的货币，那么借的是什么东西呢？当时人特别实在，粮食特别金贵，借的就是谷物、小米。如果你到期没有办法归还粮食，不要紧，那你就过来给我干活，这就是最原始的"肉偿"。

随着历史发展，诸侯的实力一天比一天壮大，慢慢地都不拿周天子当回事儿了。刚开始的时候，大家向周天子进贡臣服，翅膀硬了之后，便不再听从中央政府的命令。

公元前782年，周幽王继位，这个大哥心特别大，什么好事没干过，就搞了个行为艺术——烽火戏诸侯，让诸侯千里奔袭，只为博美人一笑。

这种水平的人，看人的眼光也不会太好，加上又有天灾发生，各地大小事件也处理不好，导致百姓怨念深重，最后诸侯叛乱，把周幽王杀了。

在西周灭亡之后，周平王把都城迁到洛阳，建立了东周。

东周之后，周王室的权力被架空，诸侯们蠢蠢欲动，大家更不把周天子当回事儿，各国征战的春秋战国时期到来。

春秋战国时期，最吸引眼球的是什么？是战争。国家间的对抗，层出不穷的计策，各种形式的改革，等等。战争越来越多，规模自然也越来越大，这导致国家间的对抗也越来越精彩，但最后都是为了赢得战争。

大家都知道："樱桃好吃树难栽""兵马未动粮草先行"。打仗是烧钱的游戏，要想赢得战争，就必须有强大的经济实力。

各个国家为了打赢战争，拼命发展经济，努力推动生产技术和农业产业高速进步，这样一来，又催生了一个全新的行业——商。

智商税

有人说，商不是那个商朝灭亡以后商部落的人去从事的行业吗？说的没错，中国有商人的记载就是从那时候开始的。自此，商人作为一个全新的职业登上了历史舞台，并持续发扬光大。

《孟子》记载，最初的贸易由官府掌控，只能以物易物，甚至连价格都是官府定好的。如果有人想要在私下进行贸易，只能在乡村进行，人们称呼这种人为"贱丈夫"，也是最初商人的雏形。

您看看，"贱丈夫"，一看这个称呼，社会地位就不高。

后来，商业活动越来越频繁，有了专门用来买卖商品的场所。《管子·小匡》中说"处商必就市井"，骂人用的"市井小人"就是这样演变来的。

但是在战国之后，各国的生产力进一步发展，货物之间的交易也越来越多，之前一直被人看不起的"贱丈夫"们慢慢有了社会地位，有些人甚至富可敌国。商业发达后，信贷就慢慢繁荣起来。

因为这个时候货币的使用越来越普及，所以与时俱进，就出现了以货币作为对象的借贷，利息也渐渐升到了年化率50%至100%。

年化率是什么意思呢？举个例子：今年1月1号，我借张三10万元，到明年的1月1号我要还给他20万元，这就叫年化率100%。这是典型的高利贷。

利息这么高，为什么他们还要去借钱？因为家里穷得过不下去了呗，不差钱谁会去借钱啊？

你看，这就是恶性循环。这批人的经济基础本来就差，借高利贷只是饮鸩止渴，很多人还不起，根本翻不了身，以至于最后家破人亡，妻离子散，造成了社会的不稳定。

当时有的政治家看到这一点，为了笼络人心，他们会在某一个历史节点搞一些免息贷，把利息免了，把债务免了。

在春秋五霸中有个叫晋文公的霸主，当时一直在外流亡，19年后才回国干掉晋怀公，成功上位。据《国语·晋语四》记载，他颁布的第一批命令中就有"弃责（债）"，即所有晋国人欠政府的钱一律免掉，都不用还了。这个措施就相当于发钱嘛！于是，晋文公得到了百姓的拥护，大家觉得这个人特别靠谱，就愿意拥护他当领导。

一般来说，国家和政府主导的贷款都是低息贷款，民间借贷都是高利贷。原因很简单，政府亏得起，个人亏不起。

我们刚才说过，会借高利贷的往往都是财务破产、走投无路者。这个群体的偿债能力已经非常差了，产生坏账、烂账、死账的可能性特别大，国有金融机构有中央银行兜底，可以剥离这种不良资产，但民间的放贷人或机构没有这种底气，没伞的孩子只能自己在雨里奔跑。

在这种情况下，民间放贷的利息都很高，因为这样可以降低坏账风险。春秋战国时期有一个很流行的高利贷品种，名为倍贷。看名字就知道它是什么意思，就是翻一倍，年化率100%。

那么各位，这个时候是谁在放贷？谁来操盘？和现在一样，这些都由那些很有钱的大户人家掌控。为什么是这些人呢？因为如果不是这些人来操作的话，很有可能收不回贷款。

古往今来，高利贷业务最大的底层逻辑支撑就是暴力催收，没有暴力集团，就不可能有高利贷集团。这两年政府打击暴力催收，许多借贷平台分分钟灰飞烟灭就是这个道理。

你借了钱，到了还款日期，你说没有钱还，这个时候如果没有强力的催收手段，那么就会形成羊群效应，大家到还款的时候都说没钱，那这个高利贷集团很快就会垮掉。

所以，你只要沾染上高利贷，到时候就算你说没钱也不算完，对

智商税

方会想方设法逼着你把钱还上，哪怕让你生不如死、家破人亡。

阶段 3 · 孟尝君免债的故事

我给大家讲一讲被《史记》列为"战国四公子"之一的大名鼎鼎的齐国孟尝君的故事。

孟尝君这个人有个特点，就是特别热情好客，喜欢交朋友，到处拉拢人。史书记载，他鼎盛时有门客三千。什么意思啊？就是投靠他吃闲饭的人达到三千人。

有人说，这三千人各怀绝技，其中有打手无数，也不乏鸡鸣狗盗之徒。"鸡鸣狗盗"这个成语大家去查一下，和他也有关系。

大家想一想，这些门客可不是吃素的，对吧？他们经常要肉吃，要酒喝，这样一来，三千人光吃饭就是一笔很大的开支，特别是这帮人都不考虑减肥，特别喜欢吃肉。

这么大的开支，孟尝君的资金从哪里来呢？很大一部分资金，就来源于高利贷的收入。他继承了父辈的封地——薛邑。山东有一个枣庄市，枣庄有一个薛城区，不过孟尝君的封地不在这里，而应该是在现在滕州的官桥镇、张汪镇一带。那里自古民风剽悍，老百姓喜食辣子鸡和羊肉汤。

孟尝君手下的暴力集团，在他的封地里大肆放高利贷，光收利息，一个地方一年就能收十万钱。

那谁会来借钱呢？当然是贫苦农民。第一，他们没有土地，需要租地来种，需要启动资金；第二，他们需要生存，但是没有稳定的经济来源，只能被迫举债。

我们说过，这种债务的利息非常高，基本上都是倍贷，农民还起来很困难，到了灾荒的年景，难免还要卖儿卖女偿还债务，因此发生了无数人间悲剧。

不过，孟尝君的高利贷业务有一天突然碰到了"黑天鹅事件"。

他的门客里有个叫冯谖的哥们儿，在高利贷问题上给孟尝君捅了一个天大的娄子。这大哥简直就是不按套路出牌的典范。

冯谖刚来投靠孟尝君的时候，孟尝君问他："你有什么爱好吗？"

冯谖说："没有。"

孟尝君又问："那你有什么技术吗？"

冯谖仍旧说："没有。"

"又来一个吃闲饭的，但是我来者不拒，就这么着吧。来人，给他一个碗。"

孟尝君手下的人都是人精，没一个近视眼，都是势利眼，一看他这个态度，就知道来的是一个 loser（失败者），所以"左右以君贱之也，食以草具"——给冯谖吃的东西非常不像样，基本上都是给牲口吃的。

住了几天之后，冯谖就"倚柱弹其剑"——倚着柱子弹着自己那把破宝剑，唱歌说："长铗归来乎！食无鱼。"（我走吧，这里吃饭连条鱼都没有。）

侍从告诉了孟尝君，孟尝君说："食之，比门下之客。"（人家要吃鱼就给人家，跟其他人的标准一样就行。）

吃上鱼的冯谖过了两天又开始弹那柄破宝剑："长铗归来乎！出无车。"（我还是走吧，出门连个车都不给配。）侍从们都笑了，觉得这哥们儿脑子有病，就当笑话给孟尝君汇报了这个事情。

孟尝君也是个人才，竟然真的给他配了辆车。从这一点来看，"战国四公子"的胸怀和格局的确名不虚传。

鱼有了，车也有了，冯谖比较满意，觉得孟尝君这哥们儿真可以，

智商税

拿我当客人对待，很尊重我。

可是过了几天，冯谖又整出了幺蛾子，小日子又过不下去了，在那里弹着自己的破宝剑，说："长铗归来乎！无以为家。"

这个时候侍从们都不再笑了，估计心里都在骂他："你以为你那个破宝剑是哆啦A梦啊，想要啥就给它说一声。"对此，史书记载的是"左右皆恶之"——大家都很讨厌他，感觉他是人心不足蛇吞象。

孟尝君说："冯公，您这是什么意思呢？家里有老人？"

冯谖说："是的，家有老母无人侍奉。"

孟尝君说："好，我知道了。"便派人给老太太送钱。

这样一来，冯谖这哥们儿就不再扯着破锣嗓子唱歌了，老实了，消停了。

通过这三件事情你会发现，冯谖这哥们儿玩的都是骚操作，不是一般人。

后来孟尝君碰到一个大问题——收高利贷遇到了困难。我刚才说过，薛邑这个地方民风剽悍，钱易放难收。

孟尝君就问各个门客："各位，谁懂财务和会计吗？谁能帮忙去收一下高利贷？"

许多人一听头都大了，说："我上次收高利贷头上被打了个疙瘩还没消下去呢，这次打死也不敢去了。"

大家都顾左右而言他，有的说"今天天气不错"；有的说"我从小偏科，连一加一都学了10年，最终还是没学会"；有的说"恨不相逢未嫁时，人生若只如初见多好啊"……

大家都在那里一本正经地扯淡，只有冯谖站出来，他人狠话不多，就说了两个字："我能！"

孟尝君特别感动，说："你看，沧海横流方显英雄本色，遇到事情才能看出一个人的态度。"

于是，孟尝君吩咐他"约车治装"——给他配好车，整了一套工作服，把债券、债契都装在车上，"载券契而行"。

冯谖离开的时候问孟尝君："我把债收完以后，要给您家里买点儿什么吗？"

孟尝君说："你随便吧！看我家缺什么就给我买点儿什么。"

冯谖说："好，明白了。"

就这样，冯谖驾车到了薛邑，把所有借贷的人聚在一起，核算账目。账倒是都对得上，这时候，大家心理压力很大，纷纷哭穷："大哥你看，我80岁的老娘把脚崴了。""我第三个老婆又跟人跑了。"……

冯谖说："都别废话了，听我说两句。我来的时候，孟尝君——也就是我们田公子说了，要免除大家的债务。"

大家一听，大眼瞪小眼，不敢相信地说："大哥，你不会是在玩我们吧？我们精神压力已经很大了，不要再耍我们了。"

冯谖说："大家要是不相信，我有办法。来人，点火。"

于是侍从们搞了个大炉子，点上火，把所有债券都扔到火里烧了。

老百姓一看，这是玩真的啊，债券都烧了，账彻底不用还了。大家特别高兴，"民称万岁"。各位，这就是中国历史上"万岁"的最早出处。

你看了无数电视剧，听了无数遍"吾皇万岁万岁万万岁"，但"万岁"是从哪里来的？就是从民间演变来的。

处理完这件事后，冯谖就一路狂奔回到齐国，一大早就砸孟尝君的门说："我回来了。"孟尝君心想："回来得挺快呀。"赶紧从被窝里爬起来，穿上衣服出来见他："冯先生，事情怎么处理得这么迅速？钱都收回来了吗？"

智商税

冯谖回答说："收完了。"

孟尝君又问他："那你收完债回来的时候，给我买了些什么呀？"

冯谖说："我琢磨着，您家里不缺钱，不缺美女，什么都不缺。您家最欠缺的是民心和道义。所以，我就自作主张，买了一点点民心和道义回来。"

孟尝君懵了，说："我听糊涂了，大哥这是说啥呢？"

"就是我传了一个假命令，把那些债券都烧了，大家都喊'万岁'。这就是我给你买来的民心和道义。"

这时候，孟尝君终于听明白了，心里说："你大爷的。"

但孟尝君是体面人，他强忍住怒火说："诺，先生休矣。"说直白点儿就是："你给我滚一边去。"

于是冯谖就灰溜溜地跑到一边去了，众人嘲笑他说："这就是个神经病，一分钱没收来，竟然还把这些借款的契据都给烧了，真是一个吃里爬外的孙子。"

没成想，天有不测风云，过了一两年，齐王对孟尝君说："你给我滚一边去吧，我不打算用你这个人了。"

无奈之下，孟尝君就带着他的三千门客回到了封地薛邑。结果出现了什么局面？孟尝君受到了空前热烈的欢迎，百姓们都在道路两旁迎接。

这时候，孟尝君跟冯谖说："我知道你给我买的人心和道义是什么了，今天终于领教了。"

看完上面的小故事，大家能发现高利贷对社会的影响极大。冯谖只是免除了债务，老百姓就刻骨铭心地记着这个人情，可见当时负担之重。

有人会说："孟尝君还真是挺敢干的。"各位有所不知，在当时的高利贷行业里，孟尝君只算是个单干户，不成体系，也没有规模。那个时候出现过很多"称贷之家"。这是什么意思呢？就是私营金融机构，他们资本雄厚，贷钱千万，贷粟三万钟，受息子民千万家。

不但城里有，连乡村中也存在这样的机构。所以我在想，这可能是中国最早的连锁金融机构，就像现在的银行一样，网点遍天下。

高利贷这样的行业往往是周瑜打黄盖——一个愿打一个愿挨。借出者是稀缺的，但贷款的人特别多，别看利息高，不愁没人借。

各位，人一旦从事了钱生钱的游戏，就会像吸毒一样无法自拔。

有人说："既然这个游戏那么好，明天我也要去干。"不要冲动啊，这个钱生钱的游戏，不像普通的商业，比如，开个餐馆、卖个油条，人人都可以干起来的。

高利贷这个行业确实有硬标准，有很宽的护城河，必须是富豪，甚至是政治权贵，才可以做这个事情。因为他们有本事、有后台进行暴力催收。

我刚才就讲过，高利贷业务最核心的环节是什么？是暴力催收。不怕你不还款，就怕你不借款。千年以来，这都是高利贷生存的秘密所在。

他们有那么厉害吗？各位，在高利贷面前，所有债主一律平等，不还钱，去你家泼油漆都是小事情。

平日里，很多人都有一种错觉，好像被追债的都是穷人。其实，你真的小看了高利贷集团的能量，即便有些人贵为天子，高利贷集团也是照催不误。借债还钱，天经地义，谁都不好使。

我给大家讲一个周天子破产的故事，听完你就能明白高利贷是多么可怕了，天子也被追得无处可逃。

智商税

阶段 4 · 周天子破产的故事

我在前面讲过，周幽王是西周最后一任君王，周怀王是东周第一任君王，东周的最后一任天子则是周赧王。"赧"这个称号特别有意思，你一看就能立刻感觉到这个人好像很不好意思，非常羞赧，非常惭愧。他干了什么羞羞的事情，以至于死后竟然以此来做谥号呢？

周赧王这个小哥，在位时间虽然比较长，但是没有任何影响力。

公元前256年，秦国攻打韩国，夺取阳城，杀了大约4万名韩国士兵，很快就打到周赧王所在的地方了。周赧王和臣子们慌得不行，怎么办呢？马上就打过来了。

就在这时候，有个大忽悠跳了出来。那大忽悠是谁呢？是楚考烈王。这个大哥忽悠死人不偿命，他派人对周赧王说："大王，您看秦国这么强大，我们硬碰硬是没有好果子吃的，现在只能用您天子的名义召集其他六国，大家联合起来才有可能打败秦国。"

周赧王一听，这话说得靠谱，至少现在他们眼里还有我这个天子；大臣们一琢磨，好像也只能这样了。于是群臣便起草诏令，分发六国，约定好时间，集中兵力一起抗秦。

周天子直接管辖的地方很小，大概相当于几个县城，地盘还不如现在一个地级市大，所以他反复动员才集合了6000兵马。不过，在这么小的地方招到6000兵马也不容易了。

周天子没钱，为了筹集资金，他只好找富豪借："现在你借我点儿钱，将来我们把秦国灭了，秦国有的是钱，我连本带息地还你。"

富豪们一听，哎呀，天子用国家信用背书，一定没有任何风险，所以大家就高高兴兴地把钱借给他作为战争经费。

转眼间到了六国集中攻打秦国的约定日期，本来说好大家就在龙城一带集合，可是周天子的部队到了地方才发现，除了楚国和燕国两个国家之外，其他国家的军队连一个人影都没有。他们都知道周天子这个大哥，是落草的凤凰不如鸡，索性涮了他一道，连一个鸡毛都没有派来。

周天子等了几天就骂了几天："这帮禽兽真不讲究，又骗了我。骗我多少年了，我真是应该长点儿记性了。"

如果抗秦就靠这6000人马，简直是自取灭亡，以卵击石。这个时候，借的钱差不多花完了，联合攻秦的计划只好作罢。周天子跟大家说："回去洗洗睡吧。"

但是没承想，秦国知道周天子竟然要联合其他国家攻打自己，非常生气，马上命令军队去攻打周王畿。秦军一路势如破竹，打到了周天子所在的王城。周赧王一看秦国打上门来，自知抵抗无望，非常识时务地投降了。

秦王说："天子这个活儿太累了，非常辛苦，我给你找个看大门的轻松工作吧。"就这样，周天子被发配到了伊阙南边的新城。

这下可好，那些放高利贷的人天天跑到周天子的宫殿门口拉横幅讨债——欠债还钱，天经地义。他们就像乐视贾跃亭的供应商一样，天天在外面喊口号要钱。

最后周天子被逼得实在是没办法了，就爬到宫里的一个高台上躲债。后来人们把这个高台叫作逃债台，有个成语叫"债台高筑"，就是从这里来的。

有人评价说，周赧王是中国历史上第一个被高利贷坑惨的天子，他一生最大的成绩就是创造了"债台高筑"这个成语，也算是青史留名。

自他之后，周朝也就彻底翻篇了。

智商税

从周天子的经历来看，战国发生了一个重要的变化，原来被社会看不起并且没有地位的商业，已经不是一个低贱的行业了。商人们开始登上历史舞台，成为当时每个国家举足轻重的力量。

我给大家举一个例子——吕不韦。熟悉历史的人都知道，这个土豪在邯郸做生意的时候，认识了秦国的公子异人。当时异人姥姥不疼，舅舅不爱，大家都觉得这孩子一定是废了。但是吕不韦眼光非常好，他觉得这个哥们儿值得投资，于是热情地和他交往，对他出手相当阔绰。

异人对他印象特别好，因为别人都看不起他，但吕不韦特别看得起他，也特别尊重他。最后，在吕不韦巧妙运作和大气砸钱之下，这个落魄王子竟然成了秦国国君。

想一想，你投资的商业项目负责人都当国君了，那你岂不也会青云直上，这可比在纳斯达克上市强太多了。

所以吕不韦后来成为执掌秦国大权的重臣。大家看一看，那时候的商业和商界人物真的影响了整个战国的历史走向。

○ 2 ○

汉魏南北朝时期的高利贷

阶段 1 · 汉景帝借钱的故事

说完周朝，我们再来看汉朝。历史上民间借贷的第一次高潮就出现在汉朝。历史学家范文澜先生主编的《中国通史》中有这么一段："凡是大工商业主,尤其是大子钱家大囤积商,正当商人每年取息十分之二,高利贷囤积商取利息至少是十分之三,有时竟取十倍。"

所谓"子钱家",就是高利贷商人,当时比较出名的有长安的樊嘉、王孙卿,洛阳的张长叔、薛子仲,成都的罗氏,临淄的伟氏等,他们的资本动辄几千万乃至上亿钱。汉景帝时期,长安的无盐氏是最出名的子钱家。如果当时有福布斯排行榜,这些人都是能排进前十名的厉害人物,首富可能就是这位无盐氏。

你看人家这位首富多低调,家里那么有钱,对外还宣称自己连盐也吃不起。啧啧,无盐氏,千古第一低调的大富豪啊。那么无盐氏是怎么发家的呢?原来也是靠高利贷,只不过他是狠狠敲了皇帝一竹杠。

公元前154年,也就是汉景帝三年,历史上著名的七国之乱爆发,七个诸侯国开始增强自己的武装力量,准备反抗中央政府的统治。

汉景帝是个有作为的皇帝,于是马上派出以太尉周亚夫为主帅的中央军去平叛。周亚夫接到命令之后苦笑不已,一直按兵不动。

汉景帝说:"你赶快行动啊,去打仗啊。"

周亚夫说:"陛下,给点儿钱吧,现在粮草没有,军饷也没有,怎么打仗?我总不能让士兵饿着肚子赤手空拳上战场。要是那样的话,我们就是投降去了,仗都不用打,一定会失败。"

汉景帝说:"这真是个棘手的问题,但现在国家金库里也没钱。"万般无奈之下,汉景帝听取了一个大臣的建议:"我们放下身段,先找那些高利贷商借点儿钱,不就行了吗?"

你看看,汉景帝多么规矩啊。国家生死存亡之际,竟然不是征用,而是客客气气地跟人借钱,应该说这种皇帝的风度亘古难寻。

但是长安城里的这些放高利贷的人非常彪,他们竟然不是跪下感

　　　　　　　　　　　　　　　智商税

谢皇恩浩荡，而是纷纷推三阻四，说："皇上，我们不是不想支持您，是没有这个能力。"真是一点儿面子都不给。

问题是，这些高利贷商手里有没有钱呢？他们手里的钱多的是，只是他们在观察形势。战争刚开始，七国联军的势头非常凶猛，谁输谁赢并不好说。

在这种胜负未明的情况之下，这些高利贷商都不愿意掏出自己的钱。第一，掏了钱，将来可能收不回来；第二，如果押错宝，小命可能不保。

所以大家都在观望，一分钱都不给皇帝，皇帝也不敢下令征用。那时候大家都规矩，对私人财产保护得相当好。

就在汉景帝一筹莫展的时候，无盐氏出现了，他说："国家统一是大事，我可以借给您千金，但有个条件，要还我十倍的利息。"

我的天，这不是趁火打劫吗？这不是发国难财吗？不枪毙一百次都不足以平民愤啊。可是汉景帝竟然规规矩矩地答应了。

其实，无盐氏之所以敢把钱借给汉景帝，是因为他对战争做了分析，他有自己的商业判断逻辑：经过秦末的长期战争，人心思定，叛乱不得人心；汉朝已经建立50多年了，天下人心归顺，汉家王朝有号令天下的执政资源，那些叛乱者并不能持久。

无盐氏经过自己的商业逻辑推演，判定汉景帝一定能赢得这场战争，这对他来说是一个千载难逢的挣钱好机会。但是，为了让汉景帝答应自己的条件，他表面上装作苦哈哈的样子，一百个不乐意。

汉景帝明明知道，这个奥斯卡影帝级别的哥们儿就是明着敲皇家的竹杠，但是他没有办法，只好一咬牙一跺脚，收下了这千两黄金，并立下字据，以十倍利息偿还无盐氏。

你看看，这高利贷集团胆子多大啊。如果放到现在，一个发国难财的帽子就可以把他扣得死死的，十辈子都翻不了身。

有了钱，汉景帝立马组织军队，中央政府军在周亚夫这个名将的指挥下，三个月就平定了叛乱。无盐氏迅速收回了本金和利息，借出的千金如约变成万金，他一跃成为关中地区首富。

《史记·贷殖列传》是这样记载的："吴楚七国反时，长安列侯当从军者，欲贷子钱，子钱家莫肯贷，唯无盐氏捐金出贷，其息十之。吴楚平，而无盐氏之息十倍。"

说起来，那个时候大家都守规矩，商人的私产得到了有效保护，国君也要按照规矩办事，并没有耍横："老子为国打仗，你还敢敲竹杠？看我不砍了你？"

要是放在其他朝代，这个无盐氏估计就变成无头氏了。

所以，汉朝的强盛确实也有其内在逻辑。

汉景帝给了无盐氏万金以后，守信用，但也肉疼，觉得民间借贷市场实在是太黑了。后来汉朝发布了上限令，叫律，要求借贷利息不能太高，倍贷已经很可以了，不能动不动就搞个 1000%。

虽然汉景帝还了万金后感觉十分肉痛，但仍旧做了很多保护民间借贷的事情。例如河阳侯 6 个月不还钱，汉景帝直接罢了他的侯位；陵乡侯放高利贷超过了官方规定的利息，也失去了侯位。

放高利贷的人找有权势的人作为自己的保护伞也是从古时流传下来的，在汉成帝时期，有很多贵族就帮放贷人收账，利用自己手中的权力收钱，然后从中获益。用《汉书》的原话就是："依其权力，赊贷郡国，人莫敢负。"

所以有句名言说得好：如果你看不懂历史，你就看现在，因为历史正在重演；如果你看不懂现在，就去看历史，因为历史早已出现。

　　　　　　　　　　　　　　智商税

阶段 2 · 意外的放贷人——和尚群体

让人大跌眼镜的是，你可能永远都不会想到，随着历史发展，有一个放高利贷的群体竟然是遁入空门的和尚！

出家人六根清净，渡人于苦海，怎么突然放起了高利贷呢？

这要从佛教刚刚传入中国的时候说起。那时候佛教的影响力十分有限，自汉至曹魏，很少得到名士推崇。哪怕到了南北朝时期，佛教也经常被视为一种方术，于是和尚们直接利用占卜与方术来取得统治者的欢心，好让佛教能更好地传播。

例如高僧佛图澄，他对佛教在中国的传播有着重要影响。据说他就是以方术赢得当时的统治者石勒、石虎信任的。他可以闻铃断事，曾经成功预言了后赵与前赵二者之间战争的输赢。

有一次，佛图澄和石虎在邢台讨论佛法，他忽然拿出酒对着幽州的方向喷洒，并对石虎说："幽州发生了火灾。"

过了一段时间，佛图澄对石虎说："幽州的大火已经被浇灭了。"

石虎当然不信，马上派人去幽州核查。

那人回来后，对石虎说："幽州确实着火了，火势极其猛烈。但突然从南面飘来一朵黑云，然后便开始下雨，把大火浇灭了。说来也奇怪，在雨中似乎闻到了酒的香气。"石虎听后，对佛图澄彻底信服。

佛图澄展示了几次神技，使得石虎对他毕恭毕敬，言听计从。

佛教借着统治者的势力飞速发展，仅仅是佛图澄就有门徒将近一万人，他一生走过的州郡兴立佛寺 893 所，"弘法之盛莫与先矣"，是佛教的大功臣。

在古代，那些高僧的权力甚至不比帝王差。

大家都知道经济基础决定上层建筑，但是上层建筑反过来也会作用于经济基础。有了社会地位的僧侣们，开始有钱了。

佛教刚开始的时候崇尚苦修，僧人们手拿钵盂出去化缘，只要满足自己的基本需求便可，从没有听说过僧人们从事农业。

随着佛教越来越壮大，信徒也多了起来，上有天子贵族，下有黎民百姓。僧人们得到的钱财已经远远超出了日常所需，佛教地位上升，某些僧人其实已经成了大地主。

南朝时期有位梁武帝，他对佛教深信不疑，前后四次想要去做僧人，其实就是变相给寺院打钱。虽然大臣们心中明白皇帝的打算，但对他没有任何办法，先后三次花钱把梁武帝从寺院中"赎"回来，总计花了4亿多钱。

佛教信徒对僧人布施的不仅仅是钱财，甚至还有土地。

在李连杰主演的电影《少林寺》中，有一段描述的是十三棍僧救唐王的情节。但在真实历史中，实际上是那些僧人趁着李世民和王世充开战，俘虏了王世充的侄子。

少林寺因为这件事立了大功，李世民便赏赐其"地四十顷，水碾一具"。

李世民对少林寺的赏赐可以说得上是论功行赏，但也有很多皇帝纯粹凭借自己的心意来进行赏赐。唐高宗有一次直接赏赐给某寺院"田园百顷，净人百房，车五十辆，绢布两千匹"。

大家都知道的诗人王维和他的弟弟王绪都是佛教信徒，他们因为母亲去世，在家中建了一座寺庙，相当于把自己的地产送了出去。

有人开玩笑说，这是一种中国式交易，我把钱给佛祖，佛祖消除我的罪孽，让我长命百岁、官运亨通。

虽然寺院得到了赏赐，但有了靠山的寺院仍然不满足，甚至用各种方式抢夺田宅。

在北魏迁都洛阳后，有些寺院有"侵夺细民，广占田宅"的行为，甚至到了"寺夺民居，三分且一"的局面。

在南朝梁武帝时期，都城（今南京）附近"佛寺五百余所，穷极宏丽，僧尼十余万，资产丰沃，所在郡县，不可胜言"。正因如此，才有了"南朝四百八十寺，多少楼台烟雨中"。

现在问题来了，在寺庙成为事实上的大资本所有者以后，哪怕在人间清修的佛堂里，资本逐利的天性也不会有半点改变。这个时候，和尚从事商业活动就在所难免。

有人说，中国最早的金融业就是僧侣以寺院的质库形式开创的。

在南北朝时期，佛寺中出现了典当机构，名为质库。顾名思义，就是质押的地方。

《南齐书》记载，曾有名为褚澄的官员，用 1.1 万钱从寺院中赎回哥哥抵押的"白貂坐褥，坏作裘及缨"。可见，在南齐时期，寺院的质库可以进行抵押与赎回，还可以通过亲属之间继承契约，机构非常完善。

老话说，从善如登，从恶如崩。学好不容易，学坏很简单。僧侣们通过典当获取了财富之后，感觉典当已经不能满足他们的胃口了，寺庙就开始经营高利贷事业。

法国人伯希和的《敦煌写本》记录了敦煌净土寺僧侣的年度结账报告，寺院的三分之一收入来自于高利贷。

在宋朝，质库也被称为长生库，某些地区几乎所有寺院都有长生库。要不然怎么说出家人擅长包装呢，这样利滚利可不是能长生吗？

也有僧人说过："钱如蜜，一滴也甜。"

僧人丝毫不顾及外界，引起了百姓们的不满。

诗人陆游曾经在他的《老学庵笔记》中抨击寺院的高利贷事业"今僧寺辄作库质钱取利，谓之'长生库'，至为鄙恶"，主张政府"设法严绝之"。

但事实上，那时候根本没有法律禁止高利贷，也没有办法根除它。

因此，僧人们仍旧从事着高利贷事业，没有什么是不能贷的，但利息也高于其他放贷人。

那时可以借贷的品种不仅仅有金银、粮食、布匹，甚至还可以借贷货物，有些寺院也会把耕牛借贷给农民。

有人说："大头你又在这里胡说。你刚才说过，高利贷需要以暴力催收作为基础，出家人又不能出去跟人打架，哪能把款收回来？"

你可低估了和尚们的厉害，他们有佛祖啊——"敢不还钱，我这边一念咒语，佛祖就会来惩罚你，降灾于你。"僧人们会借助佛祖的威力恐吓借贷人，他们要是不还款，便会下十八层地狱，永世不得超生。

在《宋会要》中有一份奏折，其中提到长生库利息"不止倍徙"，利息率甚至超过了 100%。

有些人就是胆子大，不怕下十八层地狱，你以为和尚们就没有办法了吗？对于不还钱的借贷人，寺院也毫不客气，他们会向官府诉讼，利用法律手段保护自己的合法权益，甚至逼迫其服劳役来偿还债务。

据说，在所有高利贷从业者中，佛门的高利贷还是利息相对低的，再加上他们很少暴力催收，即使抬出佛祖吓唬人，如果你要不信，他们也就没辙了。毕竟，大家都知道，佛祖很忙；即使不忙，也不可能帮着他们要账，对不对？剩下的基本上就靠诉讼。

智商税

总体来说，寺院的高利贷放得比较规矩，所以挺受欢迎。

后来，大家发现种什么地啊？经什么商啊？和尚才是真正的人生大赢家，便纷纷开始琢磨出家的事情。到后来，和尚这个职业成了当时人们的首选，堪比现在的"公务员热"。于是，寺庙和僧人越来越多。

可是，大家都看破红尘，跳出三界了，谁还把皇帝当一回事儿，反正一切都是四大皆空，众生皆苦，干脆当一天和尚撞一天钟吧。皇帝算老几？我们佛祖才是老大。

这样一来，大家都变成了食利阶层，谁来生产财富呢？时间长了，这种现象就影响了社会稳定和国家长治久安。

老话说，物极必反。

面对这种情况，有些皇帝开始发飙了。在中国历史上出现过"三武一宗灭佛"，指的是北魏太武帝灭佛、北周武帝灭佛、唐武宗灭佛与后周世宗灭佛。

大家都是出来做老大的，一般情况下，都会体面地和平相处，可是为什么会出现这种决绝的局面？

这里面有一个很重要的原因是佛教发展过于迅速，已经威胁到统治者的地位，并且寺院靠着向农民发放高利贷，兼并了巨量还不起债的农民的土地，搞得皇帝都干不下去了。

天下就这几根"韭菜"，你也割，我也割，最后"镰刀"碰到了一起，自古同行是冤家嘛。

最后，只能是人间君王向"天国偶像"开战。很显然，寺庙根本不是朝廷的对手，迅速地败下阵来。所以，我们说高利贷最核心的业务板块是什么——暴力。

谁拥有的暴力资源最强呢？皇帝！

接下来，大头就跟大家讲一讲皇帝放贷的故事。

◦ 3 ◦

唐宋时期的高利贷

阶段 1 · 唐太宗让官员放贷的故事

讲故事之前，大头先给大家梳理一下高利贷的特征。

第一，需求旺。很多人有借贷需求。

第二，后台硬。凡是做这个的，不是权贵，就是巨贾，总体来说有暴力催收的能力。

第三，危害大。因为利率太高，导致许多人倾家荡产，卖儿卖女都还不上债务，所以给社会稳定带来很大隐患。它就像破坏经济发展的病毒，在之后的岁月不断变种，裂变出许多令人想象不到的形态，最后成为经济发展的毒瘤。

南北朝时期，战争是生活的常态。到了隋朝，依然刀兵不断，这也是当时佛教盛行的社会根源，老百姓的日子实在是艰难，只能从信仰中寻找寄托。

战争还在持续，从隋朝末年李渊起兵到贞观时期对外战争，战争又持续了30多年。"枪炮一响，黄金万两"，战争的本质是烧钱。所以，经过多年征战，天下财税枯竭，国库亏空，有时候连官员的工资都发不出。

无奈之下，唐太宗李世民想了一个大招："都说放高利贷挣钱，

智商税

咱们也放高利贷，这样挣点儿钱给大家发工资。"

他专门设立了一个岗位，叫捉钱令史。

大家听一听，这个岗位多么有喜感。有人问起来，这个岗位是干什么的呢？就是捉钱的，出门跑到大街上，把那些闲逛的钱都捉回来。很形象嘛。

但是唐太宗是个体面人，身为君王，总不能自己给子民放贷吧，所以得找个白手套，省得弄脏了他的声誉。

这个白手套，就是刚才说的捉钱令史。

唐太宗跟捉钱令史说："规则很简单，我把国库的钱给你做本钱，都是自己人，利息就不多收了，一年100%就行了，你放多少我不管。好，就这样，出门捉钱去吧。"

捉钱令史都快哭了："皇上，您没开玩笑吧？100%的年化利率，这还是友情价？"

唐太宗说："别那么没出息，你只要把钱挣回来，我还可以给你升职，赏你长安城骑马。"

这些人一听来了劲儿，说："好，交给我们吧，没有条件我们创造条件也要上。"

大家想一想，他们是持有官方牌照的高利贷从业者，后台硬，所以开展业务并不是什么难事，只要心肠足够硬。

由此我们大概可以推测，大唐盛世，民间的资金成本要在150%左右。如果你穿越到贞观年间，借一笔款就可以让你还到大清灭亡了。

这样一来，上行下效，高利贷风行，再加上国内商业和对外贸易十分发达，长安的西市形成了中国最早的金融借贷市场，民间借贷种类和规模都达到了空前的地步。那里充斥着各种各样的借贷机构，有提供普通借贷的公廨，有提供抵押借贷的质库（典当行），有收受存款或提供保管便利的柜坊和各种商店。

如今借贷的各种雏形，在当时都已产生。当代的考古学家们发现了大批唐朝借贷契书，连新疆都出土了很多借贷文书，可见大唐借贷之发达。

后来，这个捉钱令史被取消了，为什么呢？

大书法家褚遂良给唐太宗进谏说："皇上，这个岗位必须砍掉。我们辛辛苦苦招来读书人做官，是让他们廉洁奉公。您现在倒好，搞了这么一批钻营之徒来到朝廷，这样会带坏我们的队伍，影响我们的纯洁度。"

唐太宗一听有道理，就把它取消了。

由此可见，褚遂良这个人不仅书法漂亮，而且活得漂亮，敢说真话。因为这个岗位带有机制性腐败，谁来都得腐败，要不然活不下去。

如果朝廷从这样的岗位上提拔人才，任用官员，无疑是饮鸩止渴，自掘坟墓。

唐朝的公务员待遇不是特别高，特别是中下级官员，待遇更差。比如我们熟悉的大诗人白居易，他攒了十多年的工资，仍然买不起长安的房子。所以，他后来深深明白了当年拜谒顾况老先生时，老前辈颤颤巍巍说的那一句话："米价方贵，居亦弗易。"

很多年之后，白居易总能想起那个理想满怀的下午，他是如何迟钝，以至于现在望着长安的学区房，无限落寞。

而唐代官员又存在大量"轮岗"和"异地任职"，韩愈的"一封朝奏九重天，夕贬潮州路八千"，岑参的《白雪歌送武判官归京》，写的都是这种情况。换地方当官，还需要额外支出不少的"安家费"。

有些官员要去很远的城市当官，拿不出路费就只能求助高利贷。

　　　　　　　　　　　　　　　智商税

《旧唐书》记载："又赴选官人多京债，到任填还，致其贪求，罔不由此。"

"京债"比一般的高利贷杀伤力更大，因为官员为了还钱，稳定之后大多会搜刮百姓钱财，危害社会。所以在任何朝代，人们对高利贷的道德评价都很低，但它们大都是合法的。

那时候没有银行，老百姓只能去借高利贷。客观上来说，高利贷的出现，增加了社会承受能力的弹性，避免了刚性的社会动荡。

阶段2 · 镇关西的"套路贷"

到了宋朝，经济更加繁荣，高利贷也更加活跃。

多说一句啊，如果人可以穿越，我最希望穿越到宋代。我前段时间看了一本叫作《新宋》的书，写的就是当代人穿越到宋代的故事，挺有意思的。对这个话题感兴趣的读者可以看看。我想穿越到宋代，是因为宋代经济非常繁荣，社会风气比较宽松，在那里可以见到许多熟人，像武大郎和潘金莲，武松和西门大官人，还有我最喜欢的苏东坡和欧阳修。

据陆游《避暑漫抄》记载，赵匡胤在建隆三年（962年）曾立下秘密誓约。誓约里的内容共有三条：

"柴氏子孙有罪，不得加刑，纵犯谋逆，止于狱中赐尽，不得市曹刑戮，亦不得连坐支属。"

"不得杀士大夫及上书言事人。"

"子孙有逾此事者，天必殛之。"

"殛"是什么意思？就是让雷劈死！这誓约发得非常歹毒，就怕后世子孙犯浑，对读书人大开杀戒。誓约明确规定了宋朝后世皇帝不可以杀大臣和言官，不然便会遭天谴。

自宋太祖赵匡胤开始，誓约便通过秘密的方式一代一代传承，一直到北宋末年才被公布。金兵南下，靖康之变，徽钦二帝被活捉，这个时候，赵宋王朝的内廷祖训才曝光天下。

宋太祖"不杀士大夫"的国策是中国古代史上最为开明的政策，并且在两宋三百年内都得到了很好执行。

什么叫"士大夫"呢？坐而论道，躬身行之。无论是寒门家的孩子，还是农桑家的孩子，只要你学习好，便可以出入庙堂。

在庙堂中，君臣争辩不休；在江湖中，书生挥斥方遒。

在历史中，只有这时候文人才有这样高的身份和地位。

宋朝虽然也有政治斗争，但其原因是政见不同，最严重的只是贬谪，不会有性命之忧。你看苏东坡的一生，就是被不断贬谪的一生。他晚年自嘲说："心似已灰之木，身如不系之舟；问汝平生功业，黄州惠州儋州。"

王安石、欧阳修、司马光、苏轼虽然在政见上不同，私下里关系却很好。苏东坡遭遇乌台诗案后，王安石从江宁上书宋神宗说："安有圣世而杀才士乎？"这才免了苏东坡一死。

欧阳修去世后，对他评价最高的是政敌王安石。

中国历史上有那么多名人出现在宋朝，"唐宋八大家"中有六个出自宋代。这绝对不是偶然，是宽松的政治环境孕育的果实。

政治宽松的另一结果就是经济大发展，其中一个表现就是：哪怕在偏远地区，也有高利贷活动场所，放贷人的足迹遍布天下。

由于高利贷利益实在是丰厚，所以不论是官员还是僧人，都在放债。就像现在全民炒房一样，从上市公司到普通百姓，都在拼命炒房。

就像我们特别熟悉的西门庆大官人，他所有生意的核心业务也是放贷，要不然也不会作死得那么厉害。

宋朝的高利贷机构，私营的有交子铺、交引铺，官方也有放贷机构。可以信用贷款，也可以抵押贷款。抵押贷款可以抵押田地、金银首饰，甚至有人用妻女抵押。这个时候，高利贷开始出现毒性变种，有了更强的社会危害性。

有关宋代的高利贷，我们可以从《水浒传》里看一些片段，比如从"鲁提辖拳打镇关西"这个章节中，我们就可以看出古代高利贷开始向流氓"套路贷"转型了。

鲁提辖与史进在潘家酒楼喝酒时，被隔壁父女的啼哭惹恼，便叫他们来问话。我们来回顾一下卖唱的金翠莲说的话：

> 奴家是东京人氏，因同父母来渭州，投奔亲眷，不想搬移南京去了。母亲在客店里染病身故。子父二人，流落在此生受。此间有个财主，叫作镇关西郑大官人，因见奴家，便使强媒硬保，要奴做妾。谁想写了三千贯文书，虚钱实契，要了奴家身体。（这个'虚钱实契'要画出来，会重点考的。大家考虑一下，什么叫虚钱实契？）未及三个月，他家大娘子好生利害，将奴赶打出来，不容完聚。着落店主人家追要原典身钱三千贯。父亲懦弱，和他争执不得，他又有钱有势。当初不曾得他一文，如今那讨钱来还他？无计奈何，父亲自小教得奴家些小曲儿，来这里酒楼上赶座子，每日但得这些钱来，将大半还他；留些少子父们盘缠。这两日酒客稀少，违了他钱限，怕他来讨时，受他羞耻。子父们想起这苦楚来，无处告诉，因此啼哭。

你看这镇关西，用虚钱实契写了三千贯的文书，光写欠条不给钱。

不花一分钱就把金翠莲强要回了家，腻了之后又以正妻不容小妾的借口将人赶出家门，甚至向她讨要当初压根没给的三千贯——这生意做的，实在太令人叹为观止了。所以，这就不是什么高利贷了，这是违法犯罪的行为，高利贷只是一个幌子。

小说桥段里透露出高利贷的三个秘密。

秘密 1：借高利贷基本上是财务破产后的走投无路之举

小说中的受害人金翠莲与父亲投亲戚无着，母亲又染病去世——大家都知道，即便是现在，一个家庭也有可能因病致贫——再加上他们流落他乡，有可能已经财务破产，实在过不下去了。这个时候，只要有一点点生存的机会，对他们来说都是救命稻草。

很多遭受"套路贷"的受害者也遇到过类似情况，虽然着急用钱，却没有别的选择，因为要是没有这笔钱，可能就活不下去了。所以，他们后来陷入了种种高利贷危局。

可是，大家有没有想过，深渊会越滑越深，你必须在某一个点强硬地止损——要钱没有，要命……也不给，看你们怎么办？

敢威胁我？好，报警！

现在"套路贷"团伙最怕的就是报警。我们的政法战线在全国范围内声势浩大地打击"套路贷"，拯救了无数落水的受害者，确实干了一件大好事。在这里要为我们的公安干警点赞。

秘密 2：虚钱实契玩花样

传统的高利贷一般都有行规，最多就是收点儿"砍头息"，要的是你的利息。

智商税

不过镇关西就过分了，他的套路竟然是虚钱实契，实际上没有借出去一分钱，但白纸黑字确实是写了借出那么多。这是高利贷发展过程中产生的第一个变种，时间也极有可能早于宋代，我们只是拿这个故事来举例。这意味着高利贷开始脱离经济领域，走向黑恶犯罪方向。虚钱实契的本质是一种金融诈骗，而不是民间借贷。

秘密3：无限制催要还款

镇关西指使店家看管金老父女，迫使他们卖唱还债，还不完不让走。这是什么？是非法拘禁，限制人身自由！就是我们熟悉的暴力催收。

你会发现，随着时间发展，高利贷越来越有黑恶势力色彩。

高利贷风行天下，每每到了青黄不接的时候，农民为了生活，只能向大地主借高利贷，便有了"兼并之家乘其急，以邀倍息"。

这种情况给农民带来巨大的经济压力，家破人亡的悲剧经常发生。

王安石看到这个情况后决意变法，在熙宁二年（1069年）九月颁布《青苗法》，官府在农民最苦难的时候会放贷金钱或粮食，帮助农民渡过困难。

颁布这项法令最初是为了打击地主，让官方低息贷款取代地主的高利贷。刚开始效果还不错，但是很快又出现一个熟悉的现象：政府主导的项目很容易被层层加码，并且被强制执行。由于用人不当，在改革变法中，官府不管农民家里粮食充不充足，都要向他们放贷，简直是强买强卖。

很多时候，我们经常说："经是好经，就是给歪嘴和尚念歪了。"往往播下的是龙种，收获的是跳蚤。

只要一碰钱，大家的积极性就高了。如果官府介入这个领域，其他高利贷都得靠边站。为什么？因为他们的手里有合法伤害权，基本上是无敌的。

所以很多农民为此倾家荡产，民怨沸腾。最终以司马光为首的士大夫群起而攻之，造成精英阶层的分裂和相互攻击，王安石变法失败。

这也给我们一个教训，那就是在市场经济活动中，政府应该是中立的一方，作为社会规则的制定者和守护者，最好不要亲自下场踢球。如果政府既当裁判员又当运动员，不拿冠军都难，但整个国家和社会却要为此付出极高成本。

这个规则已经被无数惨痛案例反复验证过。

◦ 4 ◦
元明清时期的高利贷

阶段 1 · "九出十三归"与"驴打滚"

宋朝灭亡以后，元朝皇帝不会说汉语，也不擅长商业，甚至直接禁止蒙古贵族经商。在这种情况下，一群拥有经营权的商人——斡脱商人出现了。他们发放的高利贷名为"斡脱钱"。

这种形式的高利贷年息是100%。假设你借了100元，就要还200元，期限是半年至一年，第二年便转利息为本钱，本钱再生利息，像是羊羔繁殖，因此也被称为"羊羔利""羊羔息"。当时只要欠债，欠债的人一般都会因为无法偿还而妻离子散。

比如有着千古奇冤的窦娥，追其悲剧源头就是因为父亲无法偿还

智商税

高利贷，以至于她成了童养媳，后来哭得六月飞雪，荡气回肠。

这个时候，高利贷的很多规则渐渐成熟。我举两个例子。

规则1："九出十三归"

处理高利贷本金，一般会选择"坐地抽一"的做法，是指借款人虽然"借十得九"，但偿还的时候仍然按照"十"来计算。

这种做法深受典当行的欢迎，慢慢形成了"九出十三归"的行规。举个例子来说，就是你借了1万元，但只能得到9000元，扣下的1000元就是"砍头息"。不过最后还款时却要还1.3万元。

这个行规在后来也被玩坏了，很多人把"砍头息"做到了50%。也就是你借1万元，最后能拿到手的只有5000元，但你还要按照1万的金额还款。

规则2："驴打滚"

放贷者一般会采用"驴打滚"的方式来计算利息。

借贷的期限一般是1个月，月息为3到5分，如果不能按时还款，利息则会翻倍，并且直接算到下个月的本金中，也就是俗称的"利滚利"。

以此类推，本金每个月都在增加，利息每个月成倍增长，就像是"驴打滚"一样。

复利是个极其可怕的东西，它会像滚雪球一样，越滚越大。所以一旦沾上"驴打滚"，基本上就离家破人亡不远了。

阶段2 · 民间高利贷的盛行

明朝中期以后，高利贷在民间十分盛行。

历史学家黄仁宇先生在《万历十五年》中有过这样的描述："中叶以来，这一问题又趋尖锐。高利贷者利用地方上的光棍青皮大量放款于自耕农，利率极高，被迫借款者大多不能偿还。一旦放款的期限已到而又无力偿还，其所抵押的土地即为放款者所占有。"

因为高利贷让贫富差距更加明显，长久下去，一定会损害社会根基。在这种情况下，朝廷试图限制民间高利贷行为，并规定民间借贷月息不可以超过3分，甚至规定不论借款时间长短，利息不得超过本金的一半。

但是这样做不过是"抽刀断水水更流"。高利贷的涉及面如此之广，影响如此之深，导致朝廷的规定没有丝毫用处，也无法执行。

太阳底下无新事，说来说去，大明王朝的高利贷产生的根源和历朝历代都是类似的。总结起来，不外乎以下两个原因：

第一，正规渠道无法满足市场需求；

第二，财政货币制度与治理有缺陷。

到了清朝，当铺、典当行、钱庄、票号等大量出现，特别是山西票号曾经遍布九州。

应该说，到了这个时间节点，具有近代意义的金融机构慢慢开始萌芽，市场也更加兴盛。但是这中间也有无数的血泪故事。

高利贷这个行当和人生的血泪故事确实是伴生的，从它诞生的那一天开始直到现在，可以说，人类高利贷历史的每一页里，每一处字

智商税

里行间，都浸透了无数普通人的斑斑血泪和悲惨的生命呼号。

清朝大文学家曹雪芹创作的《红梦楼》被称为"中国封建社会的大百科全书"，书里有一个细节：王熙凤也是高利贷从业者。可以说几千年来，无论是在现实还是在虚构世界，高利贷都是生民无法掩卷闪避的悲凉事。

高利贷泛滥的地方，往往都是金融不够发达的地区，当地百姓无法通过更好的渠道获得融资，最后只能选择高利贷作为堕入深渊前的救命稻草。这正是高利贷的合理性之所在。

尽管如此，高利贷终究无法超越社会伦理道德而存在。我们既不能以道德扼杀高利贷的合理性，也不能以纯粹的商业逻辑美化高利贷。

到了清朝末年，银行被正式引入国内，那些办洋务的人开始设立银行，开启了中国近代金融的发展之路。

中国古代的高利贷发展历程，到这里就讲完了。总体来说，东方社会对高利贷是相对温和的。接下来，我将给大家简单介绍一下古代西方的高利贷情况。

∘ 5 ∘
西方宗教与高利贷

阶段 1 · 古罗马时期的高利贷

大家都知道，欧洲历史中少不了一个重要角色——宗教。在古罗马初期，官员是不允许放贷的，国家还在《十二铜表法》中很善意地限定了贷款利率不得超过十二分之一（约 8.3%）的上限。

事实上，这是一个拍脑袋的决策，尽管这一规定的立场非常善良，但是实施起来没有任何的可操作性，原因是它违背了基本的经济规律。如果利率不超过 8.3% 的话，借出高利贷的要面临很高的资金风险，所有的高利贷从业者都要赔钱，那么就没有人继续从事这个行业了。

到后期，高利贷就完全放开了。比如罗马共和国末期的"福布斯排行榜"前三名，其中最富有的是克拉苏，这哥们儿就是放高利贷的。

不过在基督教兴起以后，这个局面得到了很大改观，因为基督教禁止教徒放高利贷。

刚开始的时候只是禁止神职人员放高利贷，比如神父就不能放高利贷。但是到了公元 7 世纪，高利贷禁令的对象扩大到所有教徒，只要你是基督教徒，就不允许碰高利贷。

再往后，在查理曼大帝的统治之下，这个禁令扩大到所有人，整个国家禁止放高利贷，并且颁布了很多限制性政策。比如说，如果有人放高利贷，那么他将终生蒙羞，除非悔改，否则死后不能按照基督徒的葬礼入葬。再后来，放高利贷的人甚至会被直接逐出教会。

在这种宗教政策的限制之下，基督教徒确实没有办法从事信贷行业。但这时有一个群体不受这个约束，那就是犹太人。

阶段 2 · 犹太人与高利贷

犹太人信奉犹太教，所以他们可以完全不遵守基督教禁令。欧洲人非常看不起他们，他们没有土地，甚至被不允许从事某些行业，最后只好几乎都在金融行业内发展。

智商税

有人说："哎呀，这些犹太人是不是发大财了？"那么，在黑暗的中世纪，谁才是真正的大赢家呢？是国王。尽管犹太人放高利贷挣了很多钱，但是国王向他们课以重税，获得了利润的大部分，而犹太人只得到了小部分。

犹太人在放高利贷的过程中，不仅要遭受国王和政府人员的刁难，还要承受社会各界的偏见和诋毁。我们特别熟悉的诗人但丁就对高利贷充满愤怒，他的著作《神曲》中有《地狱篇》，写的就是放高利贷的人死了以后被打入地狱，而且是和那些犯淫邪鸡奸罪的人待在同一层。

从人类历史来看，东西方社会对高利贷从业者道德的评价都很低。莎士比亚在名著《威尼斯商人》中刻画的那个反面人物——犹太人夏洛特就是个高利贷放贷者。

几千年来，高利贷从业者都是在这种诅咒和贬低中度过的。

阶段 3 · 冲破宗教束缚的高利贷

到了中世纪后期，基督教徒开始冲破教条束缚，他们说有钱不挣是不对的，断人财路如杀人父母。后来，圣殿骑士团开始公开放贷，他们的客户都是各国的王公贵族。那个时候恰好是文艺复兴之后，贵族们过着奢靡的生活，往往入不敷出，甚至破产。

贵族们没有办法，只好跟圣殿骑士团借贷。再加上当时各国征战，国库紧张，也会存在以国家和政府的名义借贷的情况。

高利贷历史在西方的转折出现在 16 世纪，当时法国著名宗教改革家加尔文提出，高利贷禁令只应针对穷人，面向富人的高利贷应是自由而被允许的，除非它违背了平等与和谐的原则。

有了这么一个宗教领袖的呼吁，大家顺势打开了这扇大门，高利贷就变得很普遍了。随着高利贷的发展，在威尼斯这种自由商贸的城邦国家，近代金融业开始萌芽，银行也慢慢诞生了。

所以你看，中西方文明到这个地方开始交汇，人类黑暗的金融史慢慢走向终结。

银行的诞生是人类文明的一大进步，普通人终于有了安全合法的融资渠道。尽管晴天送伞、雨天收伞的银行从诞生那天开始就嫌贫爱富，、但无论如何，银行的出现都是社会的巨大进步。

智商税

第八章　警惕『套路贷』

引子 · 高利贷的现代流变

历史的车轮永远滚滚向前，风雨苍黄之间，高利贷这个行业的命运也沉浮不定。中华人民共和国建立以后，国家开始严厉打击高利贷，无声无息之间，这个行业几乎销声匿迹。

1952 年 1 月，中共中央东北局发出指示，认为农村高利贷破坏了农村经济发展，搞得很多贫困农民倾家荡产，应该予以打击取缔。第二年，农村高利贷基本上被打击殆尽。这一点还是非常雷厉风行的。

取缔了高利贷，还需要有替代品供应。后来人民政府成立了农村信用合作社，这也是社会的一大进步。从此以后，民间高利贷几乎消失了。

改革开放以后，随着经济发展，民间借贷逐渐恢复，不过在很长时间内处于地下状态。因为它不合法。

老话说："春江水暖鸭先知。"这种借贷行业在经济发达的温州地区快速兴盛起来。由于高利润的诱惑，加上当时政府管控的缺失，温州民间开始搞一种名为"抬会"的金融组织，说白了就是非法集资，就是庞氏骗局。

智商税

你都不知道当时有多少人疯狂地陷进去，比买六合彩疯狂多了。后来危机爆发，仅仅 3 个月，温州便有 63 人自杀，200 人潜逃，1000 多人被非法关押，近 8 万多户家庭破产。

诸位发现没有，如果社会上的金融需求得不到满足，那么金融秩序就会走向畸形，甚至产生更大的社会悲剧。在近代金融体系没有形成的时候，不存在真正意义的金融机构和金融市场，所以，只有高利贷。

为什么会这样？因为借贷双方地位不平等。一方有钱，一方没钱；一方不着急，一方特别着急；一方有势力，一方没势力。

二者的博弈完全不在一个层面，所以就不会有市场化的定价和竞争，只有市场化机制才能做到为大众的信用定价。

从整体看，当民间借贷越活跃，利息越低时，经济越好。

民间借贷是体制的缓冲区，不是每个人都能从银行借贷，这已经被验证过了。自古至今，严禁民间借贷都是一件不靠谱的事情。

随着科技发展，大数据可以重构和定义每一个人的信用账本，给每一个人的信用定价，这是个好事情。

这意味着什么呢？虽然你眼下很窘迫，但你可以向未来借助资源，这使个人和家庭有了更大的发展弹性。换句话说，你实在着急的时候，可以花费未来的金钱来处理现在的事情，例如分期消费。

本来这是个好事情，但是社会的神奇之处是什么呢？就是龙种和跳蚤的故事一再上演，我们播下的是龙种，最后收获的却是跳蚤。

过去只是传统的高利贷，但是在高利贷流变的过程中，各种人性的恶都被激发出来。时至今日，高利贷已经不是普通的高利贷了，它变成了吃人不吐骨头的各种"套路贷"。

"套路贷"和高利贷相比较，就像眼镜王蛇和眼镜蛇的区别，其

第八章 警惕"套路贷"

毒性烈度不可以道里计。

如果说高利贷是千百年来的谋利行为，"套路贷"则是赤裸裸的犯罪。最近这些年，"套路贷"已经成了社会毒瘤。

接下来，我会重点说一说高利贷的现代病态变种——"套路贷"。

首先，我给大家介绍一下"套路贷"的特征。

○ 1 ○
"套路贷"的特征

特征 1 · 成立公司，伪造民间借贷

2007 年，国内第一家网络贷款公司成立，正式开启了网贷时代。

高利贷犯罪团伙通常会注册投资咨询、资产管理之类的公司，对外宣称它们是规矩经营的公司，利率是合法的，同时发布很多小广告，诱骗民众前来借款。

在那个时代，银行还是高高在上的，一般人高攀不起。无论是贷款还是办理信用卡，门槛都很高，除了公务员、国企职工等优质客户，大多数人都没有办法享受到大额信用贷款。

但贷款是永恒的刚需。我说过，如果银行不借，自有民间资本来满足，这就给了很多线下贷款公司机会。

这些公司是国内第一批玩"套路贷"的群体。它们的套路是什么呢？正经公司一般说借多少钱，多少利息。但是它们不这样。它们用3%至10%的月息放款，并且与时俱进，发明了使用服务费来做"砍头息"

智商税

的玩法。"砍头息"是法律禁止的，但它们换汤不换药，改了一个高大上的名字，但实际上没有任何变化。

这一套东西古人早就玩过，不就是"九出十三归"嘛。

假定你贷一笔 5 万元的款，服务费要多少呢？10% 到 20%。你自己到手 4 万元到 4.5 万元，还钱的时候按照 5 万元来还。

这可了不得，假定你借了一年期，5 万元有可能到手只有 4 万元，一年下来你可能要还 10 万元以上。

你一听，吓一跳，这不是古代的倍贷吗？！

知识点 1 · "套路贷"和高利贷的区别

我在这里普及一个常识，就是我们国家是依据什么标准来认定一种贷款是高利贷还是"套路贷"。

《最高人民法院关于审理民间借贷案件适用法律若干问题的规定》指出：借贷双方约定的利率未超过年利率 24%，出借人请求借款人按照约定的利率支付利息的，人民法院应予支持。

也就是说，你跟人借钱，别人说年化利率 24%，这个利率是正常的，借贷双方都受法律保护，不属于高利贷。

什么叫高利贷？超过了 24% 年化利率的，就叫高利贷。

但是，再往上又有一个区间，超过了 24%，没超过 36%，事情就得两说。

比如你借了张三的钱，他和你约定年化利率 30%，你也按照这个约定还款了。后来你觉得自己亏了，又去报案，这个时候法院是不支持你的，还了的就不能再追回来。

不过，如果你没还，张三来起诉你，那他打不赢官司，法律只支持年化利率 24% 以内的利息，超出的 6% 不用你还。

所以在 24% 到 36% 这个区间，情况两说，还了的就还了，没还的就不用还了。

但是你说："我跟张三借钱，他跟我约定的是 50% 的年化利率，我也还了。"这个时候，法院就会支持你，超过 36% 的那一部分，要全部给你退回来。

这大概是一个常识，你可以理解为三段：年化利率在 24% 以内的，这个没得说，法律保护借贷双方；24% 至 36%，就看要实际情况，已经还了的就算了，没还的就不用还了；超过 36% 的，超过多少退回多少。

但事实上，只要是"套路贷"，就没有低于 36% 的。

这个时候，如果你不还的话，等待你的将是无休无止的催收和诉讼。说到这里，很多人都迷糊了，说："大头，'套路贷'不是违法吗？他们怎么还敢来告我呢？"

各位有所不知，这就涉及"套路贷"的第二个特征了。

特征 2 · 虚钱实契

"套路贷"犯罪团伙一般会和你先签一个看上去非常合法的借贷合同，同时真的把钱打到你的账户上，伪作银行流水。

毕竟都 2020 年了，犯罪团伙也没有那么笨，要不然很容易被抓住把柄。你说："没毛病啊，贷了 10 万元，给我打了 10 万元。"

你太天真了！打到你账户上的钱就是你的吗？

这些犯罪团伙会以各种名目，什么手续费、服务费、保证金等，让你马上把这个钱从银行取出来一部分，再交给他们。

这样，从合同上看，你借了别人 10 万元钱；从银行流水上看，别

智商税

人也打给你 10 万元钱，没毛病嘛。

但事实上，你可能真正收到的只有 6 万元钱，剩下那 4 万元钱呢，你取出来还给他们了。这就是我们说的"拳打镇关西"当中的"虚钱实契"。

合同是真的，流水是真的，但是钱没那么多。这种情况，如果你将来打官司，哪怕法官知道你是受害者，也很难支持你。

为什么？判案要讲究证据，从证据的角度来说，对你是很不利的。除非你能提供相反的物证，比如说银行的监控视频，证明这个钱刚打给你，你就取出来，然后交给了他们。

如果没有这一类的证据，你将来打官司的时候就会特别被动。

知识点 2 · 针对蓝领的"套路贷"

起初，重启的高利贷行业面对的大多数是优质客户——中小企业和公司白领。他们收入稳定，还款能力较强，只是因为无法从银行得到大额授信，不得已才去借高利贷。这些人工作稳定，讲究面子，最怕的就是高利贷公司上门催收。所以他们上套之后，只能想方设法凑钱还债。

但是，高利贷公司放贷就像吃甘蔗一样，要从头吃到尾，吃完白领，就开始吃蓝领了。

你可能会说，蓝领对资金的需求很弱，他们就在工厂上班，也没有大额资金需求，又不做生意，不可能和高利贷、"套路贷"扯上关系。

其实，你还是低估了人心的复杂性。

从 2010 年开始，分期消费开始兴起。什么意思啊？一部苹果手机 5000 元，如果你手头没有钱，但是又想用苹果手机，怎么办？做分期啊，分 5 期还，一个月还 1000 元。工资 3000 元，还 1000 元完全没问题。一夜之间，人们发现，手机、电脑、汽车，都可以做分期。

简单来说，分期消费就是花未来的钱，满足当前的欲望。

我们的老祖宗一直在讲，量入为出，量力而行。但是在吃穿享用的诱惑面前，大家都觉得这种理念太过于保守，于是突破了这个底线，向明天借钱，向未来借钱，圆现在的梦。

实事求是地说，这相当于放大了蓝领的消费能力。

但在经销商看来，在工厂打工的蓝领有实际的消费需求，有稳定的收入，也有信用，分期给他们没有什么风险。

这是一门合法生意，应该说确实是一门挺好的生意，因为它便利了双方。但是这个世界上，几乎没有人类用不到小聪明的地方。

就在这个时候，一种打着分期消费名义的高利贷模式兴起了。

老话说："一样米养百样人。"这些做"套路贷"的人心术不正，但是脑子非常好使。这就非常可怕了。就像我们看的电影一样，反派很坏，但是智商很高。或者说，就像人类体内的癌细胞，作用很坏，但是能量很大。

这些做"套路贷"的人看到商品营销商做分期服务，于是灵机一动，说："手机能分期，我们'套路贷'也能分期，并且目标也是蓝领。"因为中小企业和白领被他们吃得差不多了，蓝领对他们来说还是一片蓝海。

这些蓝领大多数非常年轻，他们从家乡来到城市打工，看到了之前没有见过的花花世界，他们渴望变成城里人，和城里人同步。

怎么才能变成城里人呢？那就是城里人用什么，我也用什么——他们用苹果手机，我也得用苹果手机；他们开什么车，我也要开什么车；他们穿什么衣服，我也要穿什么衣服。只有这样，我才可以融

智商税

入城市。

这个群体有一个最大的缺陷，就是他们的文化水平一般来说都不高，搞不清楚金融产品的费率、算法。你说什么是年息，什么是月息，什么是复利，他们搞不清楚。

这个群体就像待宰的羔羊一样，肉质肥美，而且没有抵抗能力。

"套路贷"的犯罪分子瞄上他们，看中的就是他们这消费的欲望和糊涂的大脑。

他们把蓝领们招呼进来说："哎，兄弟姊妹们，我们有一种服务，看你们需要不需要。我给你做手机分期。"

蓝领们说："不需要，我们都有手机了。"

"别走，话还没说完。我给你们分期钱，行不行？"

这下蓝领们来了兴趣，问："你说说，怎么给我们分期钱呢？"

"具体办法很简单，你们在我这儿领一个手机回去，手机价格是5000元，你分10个月付清，一个月付500元。"

蓝领们回答说："这不还是分期付款吗？我们不需要。"

"别着急，你们拿了手机之后，再现场卖给我，我直接拿4000元回收，这样不就把钱套出来了吗？"大家一听，是啊，这一来二去就借到了4000元。

但是大家不要忘了，他们拿到4000元后，需要还多少钱？5000元。这还是和"九出十三归"一样，就是"砍头息"，并且收得特别贵，高的时候可以到50%。

这一部手机卖5000元，回收价2500元。你觉着没人干？但是就有人愿意拿那2500元。

所以手机就是个道具，放贷者可以利用一部手机来来回回做几百单生意。大家问："这么高的利息，要这个钱干吗？"没别的，就是买一部手机，去 KTV 唱一次歌。银行不借给他们，大型信用贷款公司也不借给他们，他们想要钱，就只能拿"套路贷"的钱。

从古到今，类似的悲剧反复上演。合法渠道不能满足的，自然有黑色产业链来满足，只是溅了一地血泪。

特征 3 · 通过"飞单"让债越欠越多

大家可以想一想，虽然蓝领有相对稳定的收入，但是这 50% 的"砍头息"依然是要命的，他们根本还不上。还不上怎么办？

这个时候就要一环套一环了。这些坏人们又想了新招数，还不上不要紧，自然有人来帮忙，那就是"飞单"。放贷者通过"飞单"刻意垒高借贷者的负债，让他们永世不得超生。

什么叫"飞单"？就是张三借了我的钱还不上，不要紧，我让他再找李四借。李四自然会借给他，不过是把这个钱直接给我，这相当于债务转移到李四那儿去了。李四那里他也还不上，李四再给他介绍王五……

这样几次转换债权后，蓝领们的债务越来越多，根本不可能还完。还不完怎么办？还是暴力催收。

最后确实有人还不上，遭到了一些奇奇怪怪的意外和报复。所以说，这些钱真的是带血的。

大家记住，"飞单"永远是架在借款人头上的达摩克利斯之剑，随时会掉下来，让他们坠入无边的黑暗深渊。

智商税

○ 2 ○

"套路贷"的变种

说完了"套路贷"的三大特征，大头再跟大家介绍一些近几年来出现的"套路贷"变种，帮助大家更好地识破这些骗局。

变种 1 · 校园贷

做"套路贷"的人把蓝领吃干榨尽后，接着把目光瞄向了一个更诱人、更好吃的群体——在校大学生。

"套路贷"和高校相遇，犯罪分子和大学生相遇，这中间会产生什么样的血泪故事？会产生什么样的惨案？会有哪些新套路？

可能会有人问："大头啊，大学生没钱，这些做'套路贷'的人怎么会瞄上大学生呢？"各位有所不知，在"套路贷"看来，大学生实在是太优质的群体了。为什么这么说呢？

第一，大学生社会阅历少。他们甚至连利息是多少都算不清楚，对身边人也缺乏必要的防范心理。

第二，大学生钱多。他们的确是自身生活费有限，看上去没钱。可是大家不要忘记，每个大学生背后都有父母和家庭，而中国父母是非常舍得为孩子花钱的。如果孩子碰到点儿麻烦，需要花钱解决，绝大多数家长都愿意拿钱救他们。

第三，成本低，见效快。向大学生推广校园贷，只要让几个学生干部参与进来，就差不多可以搞定一大半的人。摆个地摊就可以开展业务，可以用兼职、实习，甚至校园创业的名义来做这个事情。

第四，大学生青春年少，攀比心强，虚荣心强，欲望大。比如我看你用苹果手机，我就不能用"萝卜"手机，否则就掉价了；你用迪奥口红，那我就不能用"奥迪"口红。你有什么我就想有什么，就这样大家形成了攀比心理。

最后一个特点，大学生容易催收。这些孩子人生阅历少，催收人员根本用不着暴力，只需要告诉他们："如果到期不还钱，我就把你是老赖的事告诉老师同学。"只用这一招就能让很多大学生束手就擒。

所以，当这一切要素聚集在一个群体身上，校园贷很快就疯狂起来。走进大学你就会看到，这种校园贷的广告无处不在，餐厅、宿舍、教室、小路、小树林……到处都是。这些广告只告诉你，想花钱吗？来找我；无抵押、无担保、下款快，利息低；找到我，就能让你梦想成真。

在这样的氛围下，大学生队伍里就产生了一些败类，他们成为校园贷的推广大使，为了蝇头小利，用尽一切办法拉人，甚至利用同学对自己的信任——"你不相信我吗？哎呀，咱们是同学呢。""你不相信我这个老乡吗？""哎哟，你不相信我这个学长吗？"用种种手段来完成自己的任务。有时候，为了完成自己的任务，这些人甚至会欺骗同学，利用同学的资料直接申请校园贷。比如说学校要搞一个什么活动，需要同学们把身份证号报给他。在这个过程中，很多同学懵懵懂懂地就上了当，受了骗，掉进了坑里。

还有一些更过分的人，他们破罐子破摔，专门骗同学、老乡和朋友，等到贷款下来了自己花。曾经有大学生利用自己是班长的职务之便，给全班 28 个同学申请贷款，并且把这些钱拿来赌球。结果赌输以

智商税

后东窗事发，最终他跳楼自杀。

校园贷给平静的校园带来了极大的躁动和混乱，因为它，爆出了很多问题，恋人之间反目成仇，朋友之间相互欺骗，学长学姐坑学弟学妹。所以有句话叫"防火，防盗，防学长"。

总的来说，这些人为了一点蝇头小利，埋葬了自己的青春、友谊和人生。

很多人稀里糊涂地上了贼船，最后"驴打滚""利滚利"。借1500元，可能要还三五万元；借三五万元可能要还四五十万元，最后很多学生被逼得跳楼。

搞这些校园贷的人真的是罪大恶极，虽不能以经济诈骗来论处，却摧毁了很多年轻的生命，摧毁了很多可怜的家庭。

特别是在校园贷推广过程中，有一个更加令人不安的事情发生了，那就是他们开始将目标瞄向女大学生这一群体。在他们眼中，女大学生没有钱没有关系，她们还有年轻的肉体。有些特别下作的校园贷公司专门给漂亮的女大学生下套，让她们欠下一堆永远都还不完的债务，逼得她们从事色情服务。毫无疑问，这已经是严重的犯罪行为，所以激起了学校、老师和同学的强烈反对和抗争。

短暂狂欢过后是监管部门的介入，各大高校纷纷禁止了校园贷。

变种 2 · 裸条贷

在公安机关的打击之下，校园贷转入地下，但是潘多拉的魔盒已经打开了。那些借了钱的大学生已经回不到过去了，他们的财务状况随时会崩盘，所以他们对资金的需求并没有消失。

市场就是这么神奇，有需求就会有供给，所以在2015年校园贷被打击以后，一种奇怪的产品——"借条"出现了。

那些债务崩溃的年轻人纷纷用"借条"为自己续命。这个时候，放贷者又玩出了新花样，他们发明了一种叫"裸条贷"的东西。

各位要问："什么叫裸条贷？"就是你想要借钱，除了要给我高额的"砍头息"和利息之外，还需要你拍摄几张手拿身份证的全裸照片或小视频。看到照片后，放贷人会根据借款人的容貌来评估放款额度。

当然，有的男生会说："这个也可以啊，我不在乎。"但是对不起，你没有资格，这个业务只针对女生开放。

大家看一看，这种贷款方式就是对尊严的践踏，让人的尊严在金钱面前无地自容。

有人会怀疑，这种裸条贷会有市场吗？出人意料的是，即使是这种变态的裸条贷，依然有大批接受者。

这些年轻的女大学生用裸照或视频能换回来多少钱？大多也就2000元，除去七七八八的服务费啊，砍头息呀，到手也就800元。

一个星期以后，还2500元。如果不还的话，全网公开照片和视频。我特别惊讶，没想到如今接受高等教育的女大学生竟然会为了2000元，不惜牺牲自己的人格尊严和学业前途，这是我们教育的失败。

毫无疑问，裸条贷带来了更严重的社会治安和社会伦理问题，所以它来得快，去得也快。公安机关抓捕了大批放裸条贷的黑恶势力。在不长的时间里，他们迅速转入了地下。

变种 3 · 现金贷

可问题依然存在。这些人的财务状况有没有得到改善？没有。他们对借贷的需求有没有消失？也没有。

智商税

我们说过，既然有需求，就会有满足，"野火烧不尽，春风吹又生"。一个新的"套路贷"产品出世，那就是互联网小额高利贷，也叫现金贷。

这个产品的特点是什么？利息特别高，甚至"砍头息"能做到50%；额度特别低，最多不会超过3000元；期限特别短，大概一个月到两个月；最重要的是范围特别大，它可以在全国范围内进行放款。

这些人特别缺德，他们让很多借款的女大学生在签合同时，将借款的理由写为"打胎费"，然后拿这个威胁对方："如果不还款，我就把这个合同给你的家人或朋友发过去，让他们都知道你干了什么见不得人的事情。"

他们在推广现金贷业务的过程当中，好话说尽，坏事做绝，什么样的坏事都想得出来，干得出来。所以，缺乏社会经验的大学生在这些黑恶势力面前没有任何博弈能力。他们的业务做得顺风顺水，当时做得好的公司，一个月的收益是放贷总额的10%。干这事儿比抢银行和贩毒挣钱都快，而且风险极低。

他们认为自己有律师、有合同，做的是符合市场经济的事情。很多公司瞬间发现了现金贷的暴利，并被其诱惑，认为干什么实业都不如干现金贷，挣钱又多又快，而且风险还低，于是千军万马转战现金贷。

所以说，这是一个最好的时代，我们享受了前所未有的互联网服务；但这也是一个最坏的时代，那么多家公司一起来抢同胞的"人血馒头"吃。这是这个时代最大的悲剧和耻辱。

那些放贷者并非从小就想做坏人，但是他们或主动，或被动，或明白，或稀里糊涂地上了贼船。有了这些为虎作伥者，被骗大学生的人生从此陷入无尽深渊，现金贷基本上摧毁了他们的一生。客观上，这些公司帮一些底层民众喘了一口气，也接盘了那些坏账将要爆发的公司。

就在所有人都很高兴的时候，危机来临了。转折点就在2017年年底，某家做现金贷的公司在美国纳斯达克上市，当天市值就达到100亿美元。公众很奇怪，这不是一家放高利贷的公司吗，怎么还成功上市了？

面对公众质疑，公司创始人说："哎呀，大家对我们不要有误解，那些借了我们钱还不上的，我们从来都不催收，就当作慈善，给他们送福利了。"这句话在整个行业掀起轩然大波，一家做高利贷的"既要当婊子，又要立牌坊"，猖狂至此，那就没有别的话可说了，办它。所以监管层开始出手。

监管层一出手就打在"七寸"上，要求所有从事金融业务的公司必须合法合规经营，必须有金融牌照，否则都是非法经营。

从此以后，那家公司的股价开始崩塌，和它一起崩塌的还有整个现金贷行业。

那么，现金贷第一次崩盘是什么时候呢？就在2017年11月底。

一般的贷款是有周期性的，每家贷款公司都会在年底缩减放款量，因为如果在这个时候放款，那么借款人的还款日有可能会在春节期间。

春节期间中国人在干什么？都回家过年了。这个时候催收就很困难，并且很多人可能第二年就不来这个地方了，换一个地方重新开始。

这个时候，很多贷款公司主动停止放款，再加上监管部门出手，以至于整个行业都感受到一种死亡的气息，纷纷开始逃亡。所有公司都在催款，而且怎么都不会再放款。

这个时候，借款群体中突然有个别聪明人回过神来，他们发现国家在打击现金贷行业，于是就不还款了，怎么催都不还，逼急了就报警，要钱没有，要命不给。大家都是拴在一根绳上的蚂蚱，要炸一起炸。

　　　　　　　　　　　　　　　　　　　　智商税

面对借款人前所未有的强硬，这些放高利贷者也是头皮发麻。

一时间，大部分公司的坏账率高达 90%，这是现金贷行业的第一次大崩盘。

这个行业很有意思，一直有三个主角：现金贷公司、借款人，还有监管部门。

在野蛮发展的上半场，是现金贷公司一方占尽上风，佛挡杀佛，神挡杀神，他们榨取了借款人最后一滴鲜血。这个时候，监管部门对他们的定性不是那么明确，他们一直在兜圈子。

老话说，世道有轮回，苍天饶过谁？所以在第一次崩盘的过程当中，借款人就趁机开溜了。由此可见，这三方的关系一直处在动态博弈当中，有的时候是现金贷公司占上风，有的时候是借款人占上风。

现金贷这个生意只是一个表现形式，本质上来说，它是因借贷的刚性需求存在的，只要有需求就会有市场。经过监管部门几轮打击之后，现金贷虽然已经转入地下，但是仅过了几个月便死灰复燃。

经过一次崩盘的现金贷公司也在反思，他们想清楚了一件事——钱不应该放给穷人，因为穷人已经还不起了。那放给谁呢？放给下一家"接盘侠"。只要穷人能找到"接盘侠"，自己的债务就能收回来。现金贷公司选择把贷款期限缩短、降低贷款金额、提高"砍头息"。

只要资金周转够快，哪怕最后借款人财务崩溃，跳楼自杀，也跟他们没关系。在这一行中，谁跑得快、谁就赚得多，谁讲道理、谁就死。

变种 4 · "714 高炮"

现金贷公司想明白这个事情之后，就研发了一个神奇的产品——"714 高炮"。什么意思呢？"714"指期限短，7 天或 14 天后就得还款；"高炮"指高额的"砍头息"及"逾期费用"。

这种贷款宣称无抵押、无担保，是人就放，10秒下款。为什么敢这么做？在"714高炮"的收益模型中，其年化率高达1000%。可怕吧。

所有现金贷公司的债权都在底层民众身上转来转去，谁接到最后一棒谁就死。然而，大家都认为自己不是最后一棒。

那些大公司一看，"714高炮"太神奇了，这么能赚钱，于是他们又抽身回来。

我在之前讲保健品骗局的时候，用过一段马克思引用过的话，在这里重复一遍："一有适当的利润，资本就胆大起来。如果有10%的利润，它就保证到处被使用；有20%的利润，它就活跃起来；有50%的利润，它就铤而走险；有100%的利润，它就敢践踏一切人间法律；有300%的利润，它就敢犯任何罪行，甚至冒绞首的危险。"

"714高炮"的年化率都超过1000%了，所以这些公司可以践踏宇宙间的所有法律。他们又重新回来，聚集在一起，打算在"714高炮"中大捞一笔。他们没有任何廉耻、道德、是非心，要做的就是趴在底层民众身上，无穷无尽地吸血吃肉。

所以，在"714高炮"的业务关系里，借款人在各家现金贷公司之间被卖来卖去，完全丧失了人的尊严和生的乐趣。

一个人只要背上"714高炮"，基本上就还不清了。2018年整整一年，如果大家留心的话就会发现，大量恶性社会案件爆发，各种高利贷、"套路贷"的负面新闻从来没有中断过。

"714高炮"的毒瘤已经如此之大，甚至威胁到社会稳定。在各路媒体的夹击之下，2019年，中央电视台《3·15晚会》曝光了"714高炮"。公安机关也把目光放在了"714高炮"上，对其进行重点打击。

又是一轮新的现金贷大逃杀。这一次遭受压迫的借款人变得聪明多了，他们都知道这类公司是违法的，于是心特别齐，一口咬死就是不还钱。在这一次博弈和较量当中，一部分借贷人借助警方的力量实现了第二次胜利大逃亡，"714高炮"迅速溃败。

"714高炮"溃败后，市场是不是就恢复清净了？是不是现金贷不会再出现了呢？事实上并不是，历史会再一次上演。

变种5 · "55超级高炮"

很快，市面上又出现了一种新的高利贷产品——"55超级高炮"。

1000元借5天，要收50%的"砍头息"，到手只有500元，5天之后要还1200元，这就叫"55超级高炮"。

"55超级高炮"一出现，江湖上再次掀起腥风血雨。注册的几十家高利贷公司也许是同一个资金方，甚至还可以用APP代码套出几十个不一样的"壳"。这些公司有50多个马甲，但只有一个老板，专门做"55超级高炮"。

我给大家举个例子。比如说，张三走投无路，去1号公司借款，付了50%的"砍头息"，拿走了500元，5天之后要还1200元。他肯定还不上，因为这批人的信用已经很差了，财务基本上已经破产了。

还不上怎么办呢？这个时候，高利贷公司也改变了策略，不打、不骂、不威胁、不恐吓，那干什么呢？让他到2号公司去借款。2号公司也很好说话，也是"55超级高炮"。这样张三又被收了50%的"砍头息"，剩下的钱还给1号公司。只要控制得好，张三便无法逃离这个公司，背上几十万元的债务都是轻轻松松的。

张三的债务变多之后，这家公司就可以把他的信息全部打包好，卖给专门的催收公司。这些催收公司都有黑恶势力背景，他们把很多人的债权放在一起，形成一个金额较大的债权包，再有组织地用暴力手段讨债。

曾经有一个做"55超级高炮"的老板被抓了，他的公司有1300多个壳。你可能会很惊讶："我的天啊，有那么多壳！"你不要惊讶，这个事情中最令人震惊的是，这个老板只是某个大公司的马仔之一，更为凶残的"大鳄"仍隐于水下。这个"大鳄"没有任何作恶记录，手上没有沾血，是江湖上的体面人。凡是干这些脏事情的，都是马仔。

所以你看，可怕不可怕？本来以为抓到了真正的"妖怪"，其实只是一个"小妖"。有人说，高利贷是把用户当成傻子，"714高炮"是把用户当成取款机，而"55超级高炮"是把用户当成一块肉，榨干血以后拿去喂狗。

"55超级高炮"出现以后，大量高利贷公司死灰复燃，开始放款，整个市场上三方数据的调用量又开始逐渐恢复。这又是一场击鼓传花游戏的开始。

在这个规则之下，最可怜的就是借款人，"人为刀俎，我为鱼肉"，任人宰割。但是老话说，可怜之人必有可恨之处。我们谴责"套路贷"，但这些借款人本身也有可以指责的地方，他们并不是无辜的"傻白甜"，从某种程度来讲也是罪恶的同谋。没有他们，就没有"套路贷"。

大家都知道，"55超级高炮"的利息是还不完的，还不完就要催收，一催收就要有暴力事件，最后已经到了天怒人怨的地步。因为催收手段非常血腥，电话轰炸、语言威胁，这都是小儿科，都是基础动作。有一些催收公司甚至会把借款人的照片修改成不堪入目的样子传播到网络上，伪造律师函，伪造通缉令，把借款人逼得精神崩溃，好多人选择了自我了断。

为了钱，这些人敢践踏人间一切法律和道德准则，以至于"套路贷"

智商税

的第三次大溃败也随之而来。

魔高一尺，道高一丈。我之前说过，借款人、放贷者和监管部门三者之间的关系，是在动态发展过程中不断进行博弈和调整的。监管部门在打击黑恶势力的过程当中也不断地改进战术和战略部署。应该说这一次监管部门做得非常聪明，除了打击高利贷公司和催收公司之外，还打击网络科技公司，因为他们为高利贷公司提供了系统和技术支持。

其实，哪怕监管不断加强，技术不断进步，高利贷仍旧不会消失，它也会进化，变得更加狡猾，更加隐秘，继续吃"人肉"。

因为当金钱变得唾手可得的时候，便没有枷锁可以关得住欲望，人间的一切法则都可以被践踏在地。

曾几何时，我们欢呼自己来到了一个新的、美好的时代，这个时代有最好的技术，最好的风控策略，我们曾经为这些东西干杯。但是现在，我们举杯相碰的时候，都是梦碎的声音。

因为我们发现，生而为人，无法从根本上杜绝人类天性的弱点，比如：每个人都好逸恶劳，每个人内心都十分贪婪、虚荣，有些时候我们还十分懦弱。

从这个角度来说，只要人类存在，高利贷就会永生。在未来的时光里，这样血腥的"人吃人"的故事还会反复上演。所以说太阳底下无新事，一切历史的悲剧，终归会在现实中重演。

身处在资本力量之下，也许我们每个人都是蝼蚁，但就算是蝼蚁，我们也是有尊严的。这尊严来源于自己对社会风险的充分认知，来源于自己对天性弱点的克制，来源于自己每天的艰苦努力，来源于自己的自尊和自爱。

如果我们能做到这一点，我们就不会碰高利贷，不会碰"套路贷"，不会和那些人渣打交道。

那么，又会有人问："大头，难道这真的是一个让人非常绝望的结尾吗？我们人类就没有办法终结这种吞噬同类的罪恶游戏吗？"

老实说，终结高利贷，终结"套路贷"是不可能的。因为总有人被天性弱点打败，这些人需要钱，需要这些带着血的高利贷的钱。

有些时候，我们连起点公平都做不到，所以根本没有办法保证终点公平。在这个过程中，很多人匍匐在地，有了强烈的借贷需求，这给高利贷的猖獗提供了土壤，但是我们要留一个光明的结尾。

目前来看，有一条看起来可行的路，那就是大数据时代的个人信用定价。

我们要大力发展普惠金融，让每一个人都可以凭自己的信用借到钱，这对消灭高利贷或许是一个釜底抽薪的办法。

○ 3 ○

尤努斯与普惠金融

故事 1 · 震动富二代的 27 美元

说到普惠金融，我要给大家隆重介绍一个人——穆罕默德·尤努斯。他是孟加拉国经济学家、格莱珉银行创始人、2006 年诺贝尔和平奖得主。

他为什么会获得诺贝尔和平奖呢？原因就是，他对穷人的流动性

智商税

资金需求做出了独特的探索和成就。

这位老先生是个富二代，出生在孟加拉国，后来去美国留学，在美国当大学教授。可以说，他的经历顺风顺水，是个不折不扣的人生大赢家。他经常回国做一些调查调研。

1976 年，尤努斯先生走访孟加拉国一个特别贫困的乡村的时候，看到了令他震惊的一幕——一个有三个孩子的年轻母亲，每天从高利贷者手中借 22 美分购买竹子，在家制成竹凳，赚到的钱再交给高利贷者还贷，实际收入仅有 2 美分。

大家想一想，一个家庭每天只有 2 美分的收入，这使得她和孩子们陷入了一种难以摆脱的代际贫困。这个事情深深震惊了尤努斯。他发现，原来人世间有些人的生死竟然是以"分"为单位计算的。

他又找到 42 位有着类似困境的村民，说："你们把需要的资金汇总一下告诉我，我来想办法帮你们解决。"

当这些村民把所有资金需求汇总以后，尤努斯看到了有生以来最让他震动的一个数字——27 美元。

大家想一想，42 个人，加起来的资金需求只要 27 美元。

尤努斯立刻当场把 27 美元按照名单给了这些人，并且告诉他们："第一，不必付利息；第二，不必着急还。什么时候能还得起，什么时候还给我。什么时候都可以。"

处理完这件事情后，尤努斯就回去了。接下来，让尤努斯更加震惊的事情发生了，这 42 个人按期归还了贷款。

故事 2 · 改变穷人命运的格莱珉银行

从这个事情中，尤努斯发现，穷人并不是没有信用，只是没有合法拿到这种廉价资金的渠道。于是他开始尝试找一些银行家,告诉他们:"我发现了一个秘密。"听尤努斯说完之后,这些银行家哈哈大笑,说:"穷人没有信用,把钱借给他们根本收不回来,救急不救穷。"

但是尤努斯没有放弃,他自己拿出一部分钱来,向穷人提供小额贷款。后来贷款范围扩大到500多位借款人。

实事求是地说,这500多位借款人的表现和之前的42位借款人一样,都按期归还了贷款。

这让尤努斯先生感到特别震撼,他在心里暗暗发誓,一定要建立一种普惠金融模式,让每一个人都可以通过合法渠道拿到廉价资金,从而实现脱贫。

后来他的努力得到了多方面认可,在很多人的帮助之下,他在孟加拉国成立了专门给穷人放贷的格莱珉银行,不需要任何抵押,根据贷款人情况和风险控制放贷,利率与市场水平相同,基本上都是小额贷款。

他在孟加拉国的试验特别成功,很快他的努力得到了全世界的认可和尊重。

2006年,诺贝尔奖评审委员会经过商议与投票,决定把当年的和平奖颁给尤努斯和他的格莱珉银行。

现在,尤努斯先生和他的格莱珉银行累计放贷57亿元,惠及639万穷人,这些穷人中大部分是赤贫者。因为有了这个贷款,其中至少一半以上的人脱离了贫困。

这30年来,格莱珉银行的还款率高达98.89%,这个数字让全世界的银行家都自惭形秽。所以,格莱珉银行为人类终结高利贷进行了一次非常宝贵的探索。

格莱珉银行的实践和探索,至少给了我们一个光明的方向。

智商税

最后，我想和年轻的朋友分享茨威格的一句话："所有命运馈赠的礼物，早已在暗中标好了价格。"

你以为这些是天上掉下来的馅饼，其实不过是陷阱。如果你不愿意赌上一生，那么请自尊自爱，请努力自强，请远离虚荣浮夸，请远离高利贷和"套路贷"。

如果不幸，你已经身在其中，请勇敢地选择报警。只有将罪恶终结，你才能看到光明的未来。

全国总经销

捧读文化
触及身心的阅读

出 品 人 张进步 程 碧

特约编辑 孟令堃

封面设计 MM末末美书
QQ:3218619296

内文排版 捧读文化·冯紫璇

新浪微博   京东专营店

法律顾问 天津益清（北京）律师事务所 王彦玲

出版投稿、合作交流，请发邮件至：innearth@foxmail.com

了解新书，图书邮购、团购、采购等，请联系发行电话：010-85805570